普通高等教育“十三五”规划教材

焊接导论

张英哲　伍剑明　李娟　主编

北京
冶金工业出版社
2019

内 容 提 要

本书首先介绍了焊接技术的概念与特点、焊接技术的发展历程与发展现状、焊接技术的应用、焊接技术人才培养目标与知识体系结构等，随后重点介绍了弧焊基础、焊接材料、焊接方法与工艺、常用金属材料的焊接、焊接缺陷与焊接质量检测、焊接安全与生产管理、增材制造等方面的内容。每章后均附有练习与思考题，学生可及时复习巩固。

本书既可作为高等院校焊接技术与工程、材料成型及控制工程等专业的本科生教材，又可供高等院校机械、建筑、造船、桥梁等工程类专业师生和相关领域工程技术人员参考。

图书在版编目(CIP)数据

焊接导论/张英哲，伍剑明，李娟主编．—北京：冶金工业出版社，2019. 7
普通高等教育“十三五”规划教材
ISBN 978-7-5024-8124-7

Ⅰ. ①焊…　Ⅱ. ①张…　②伍…　③李…　Ⅲ. ①焊接—高等学校—教材　Ⅳ. ①TG4

中国版本图书馆 CIP 数据核字(2019)第 112046 号

出 版 人　谭学余
地　　址　北京市东城区嵩祝院北巷 39 号　邮编　100009　电话　(010)64027926
网　　址　www. cnmip. com. cn　电子信箱　yjcbs@ cnmip. com. cn
责任编辑　高　娜　美术编辑　郑小利　版式设计　禹　蕊
责任校对　郭惠兰　责任印制　李玉山
ISBN 978-7-5024-8124-7
冶金工业出版社出版发行；各地新华书店经销；固安华明印业有限公司印刷
2019 年 7 月第 1 版，2019 年 7 月第 1 次印刷
787mm × 1092mm　1/16；10. 5 印张；251 千字；156 页
27. 00 元

冶金工业出版社　投稿电话　(010)64027932　投稿信箱　tougao@ cnmip. com. cn
冶金工业出版社营销中心　电话　(010)64044283　传真　(010)64027893
冶金工业出版社天猫旗舰店　yjgycbs. tmall. com

前　言

焊接技术是制造业的重要组成部分，广泛应用于船舶、车辆、锅炉、化工、机械等各个领域。为了方便高等院校和企事业单位对焊接技术专业人才的培养，我们编写了本书。

本书内容通俗易懂，同时注重科普性和前沿性。通过本书的学习，能帮助读者快速建立起完整的焊接知识体系。本书适合作为高等院校焊接技术与工程、材料成型及控制工程（焊接方向）等专业的本科生教材，亦可作为高等院校机械类专业以及建筑、造船、桥梁等工程类专业本科生和焊接相关领域工程技术人员教育培训的参考书。

本书共8章。第1章首先介绍了焊接的定义及其内涵、焊接技术的特点和发展历程与现状，让学生对焊接技术有一个初步的了解和感性认识；接着介绍了焊接技术的应用、焊接技术相关人才需求，激发学生对焊接技术的学习兴趣；最后介绍了本科层次焊接技术专业人才培养目标和本科层次焊接工程师应该具备的知识结构，让学生明晰学习目标，帮助学生制订出合理的专业知识学习规划和职业生涯规划，坚定学习信念，最后成为合格的焊接工程师。第2章介绍了焊接电弧原理，论述了焊接冶金过程与特点、熔滴的过渡方式与控制、焊接接头的组织组成和性能控制方法，使学生初步了解焊接技术基础、基本原理方面的内容。第3章讲述了焊接材料，第4章介绍了常见的熔焊、压力焊、钎焊焊接技术，第5章介绍了常见金属材料的焊接特性及焊接方法选择，第6章介绍了常见的焊接缺欠及危害、焊接质量检测技术，第7章介绍了焊接安全与生产管理，第8章介绍了增材制造新技术等方面的内容。

本书主要由贵州理工学院材料与冶金工程学院从事焊接专业教学的一批教师集体编写完成。张英哲副教授主要负责第1章、第2章和第8章的编写，以及全书的统稿工作；伍剑明副教授主要负责第6章和第7章的编写工作；李娟老师主要负责第4章和第5章的编写工作；龙绍檑老师、李翔副教授和龙潇老师分别负责第3章的第1节、第2节和第3节的编写工作。

本书的出版得到了贵州理工学院焊接技术与工程专业建设经费的支持。同时，在本书的编写过程中，参考了大量的文献资料，但是由于一些作者信息不详，没能一一给予引用标注，编者在此表示歉意，并对这些作者一并表示衷心的感谢！

由于编者水平有限，本书难免有不当之处，敬请读者批评指正！

编 者

2019年3月

目　录

1　绪论 …… 1

1.1　金属连接与焊接技术 …… 1

1.1.1　金属连接技术 …… 1

1.1.2　焊接技术 …… 2

1.2　焊接技术的发展与人才需求 …… 3

1.2.1　焊接技术发展历程 …… 3

1.2.2　我国焊接专业高等教育发展简介 …… 5

1.2.3　焊接技术发展现状与趋势 …… 5

1.2.4　焊接技术人才需求与就业 …… 6

1.3　焊接技术的应用及特点 …… 7

1.3.1　焊接技术的应用 …… 7

1.3.2　焊接技术的特点 …… 8

1.4　焊接专业培养目标及知识结构 …… 9

1.4.1　焊接专业人才培养目标 …… 9

1.4.2　焊接专业人才知识结构 …… 9

参考文献 …… 11

练习与思考题 …… 11

2　弧焊基础 …… 13

2.1　焊接电弧产生机理与特征 …… 13

2.1.1　焊接电弧的产生 …… 13

2.1.2　焊接电弧的特征 …… 13

2.2　焊接冶金过程 …… 15

2.2.1　焊接冶金过程的特点 …… 15

2.2.2　影响焊接冶金过程的因素 …… 16

2.3　熔滴过渡与控制 …… 17

2.3.1　熔滴过渡的类型 …… 17

2.3.2　熔滴过渡的影响因素 …… 18

2.3.3　熔滴过渡的控制方法 …… 18

2.4　焊接接头的组织与性能 …… 19

2.4.1　焊接接头的组织组成 …… 19

2.4.2　焊接接头性能的影响因素 …… 21

参考文献 …… 21
练习与思考题 …… 21

3 焊接材料 …… 24

3.1 焊条 …… 24
3.1.1 焊芯 …… 25
3.1.2 药皮 …… 26
3.1.3 焊条的工艺性能 …… 28
3.1.4 焊条的分类 …… 30
3.1.5 焊条型号和牌号 …… 32
3.1.6 焊条的选用原则 …… 34
3.2 焊丝 …… 35
3.2.1 焊丝的分类 …… 35
3.2.2 焊丝的型号及牌号 …… 39
3.3 焊剂 …… 43
3.3.1 焊剂的分类及特性 …… 43
3.3.2 焊剂的型号及牌号 …… 46
参考文献 …… 49
练习与思考题 …… 50

4 焊接方法与工艺 …… 52

4.1 焊接方法的分类 …… 52
4.2 熔焊方法与工艺 …… 53
4.2.1 焊条电弧焊 …… 53
4.2.2 埋弧焊 …… 54
4.2.3 非熔化极惰性气体保护焊 …… 56
4.2.4 熔化极气体保护焊 …… 58
4.2.5 电子束焊 …… 59
4.2.6 激光焊 …… 59
4.2.7 其他熔焊方法 …… 60
4.3 压力焊方法与工艺 …… 62
4.3.1 电阻焊 …… 62
4.3.2 摩擦焊 …… 63
4.3.3 扩散焊 …… 64
4.3.4 半固体加压反应钎焊 …… 65
4.3.5 其他压焊方法 …… 68
4.4 钎焊方法与工艺 …… 69
4.4.1 钎焊的原理 …… 69
4.4.2 钎焊的分类、特点与应用 …… 69

4.4.3 常见的钎焊方法简介……70
参考文献……73
练习与思考题……73

5 常用金属材料的焊接……76

5.1 材料的焊接性……76
5.1.1 焊接性的概念……76
5.1.2 影响焊接性的因素……76
5.1.3 焊接性试验……77
5.2 常用钢材的焊接……77
5.2.1 碳素钢的焊接……78
5.2.2 合金结构钢的焊接……81
5.2.3 不锈钢及耐热钢的焊接……87
5.3 铸铁的焊接……92
5.3.1 铸铁的简介……93
5.3.2 灰铸铁的焊接……93
5.3.3 球墨铸铁的焊接……94
5.4 常用有色金属的焊接……95
5.4.1 铝及铝合金的焊接……95
5.4.2 铜及铜合金的焊接……97
5.4.3 钛及钛合金的焊接……98
参考文献……101
练习与思考题……102

6 焊接缺陷与焊接质量检测……104

6.1 焊接缺陷的危害……104
6.2 焊接缺陷的分类和特征……106
6.2.1 成型缺陷……106
6.2.2 接合缺陷……108
6.2.3 性能缺陷……110
6.3 焊接缺陷形成的原因和影响因素……111
6.4 焊接检验的重要性……115
6.5 焊接缺陷验收相关标准……115
6.6 焊缝质量外观检验……117
6.7 焊缝质量无损检测方法……118
6.7.1 射线检测……118
6.7.2 超声检测……119
6.7.3 渗透检测……120
6.7.4 磁粉检测……122

参考文献……124
练习与思考题……125

7 焊接安全与生产管理 ……127

7.1 手工电弧焊的安全防护……127
7.1.1 焊接设备的安全要求……127
7.1.2 焊接安全用电……127
7.1.3 触电事故发生的原因及预防措施……128
7.1.4 手工电弧焊的安全操作技术……129
7.2 气体保护焊的安全防护……130
7.2.1 钨极氩弧焊的安全防护……130
7.2.2 CO_2 气体保护焊的安全防护……131
7.2.3 等离子焊的安全防护……131
7.3 埋弧焊、电阻焊和激光焊的安全防护……132
7.3.1 埋弧焊的安全防护……132
7.3.2 电阻焊的安全防护……132
7.3.3 激光焊的安全防护……133
7.4 焊接安全事故案例分析……133
7.5 焊接生产组织管理……134
7.5.1 生产过程组织……135
7.5.2 生产人员组织……135
7.6 焊接工程质量管理……137
7.6.1 质量管理任务……137
7.6.2 质量管理的主要环节……138
7.6.3 质量管理责任制……138
参考文献……139
练习与思考题……140

8 焊接增材制造 ……142

8.1 增材制造的简介……142
8.1.1 增材制造的基本内涵……142
8.1.2 增材制造的特点……143
8.1.3 增材制造的发展……143
8.2 增材制造用粉体材料制备技术……144
8.2.1 增材制造用粉体特征……144
8.2.2 粉末要求……145
8.2.3 增材制造用粉体制备技术……146
8.3 增材制造成型工艺……148
8.3.1 光固化成型法……149

8.3.2　激光增材制造 …… 149
8.3.3　分层实体制造 …… 150
8.3.4　熔融沉积成型 …… 150
8.3.5　电弧增材制造技术 …… 150
8.4　增材制造的关键技术难点 …… 151
8.4.1　增材制造技术的短板 …… 151
8.4.2　增材制造关键技术问题 …… 152
参考文献…… 153
练习与思考题…… 154

1 绪 论

1.1 金属连接与焊接技术

1.1.1 金属连接技术

在金属结构和机器的制造中，经常需要用一定的连接方式将两个或两个以上的零件按一定形式和位置连接起来。金属连接方式可分为两大类：一类是可拆卸连接，即不必毁坏零件（连接件、被连接件）就可以拆卸，如螺栓连接、键和销连接等；另一类是永久性连接，也称不可拆卸连接，其拆卸只有在毁坏零件后才能实现，如铆接、焊接和黏结等。不同的连接方法，得到的材料的连接性是不一样的，如表1-1所示。

表1-1 常用的连接方法及连接性能

焊接方法	主要连接性能					
	强度	安装费用	外观	可靠性	可目测性	易于现场修理
螺钉连接	最好	较好	较好	最好	最好	最好
电阻焊	最好	最好	较差	较好	较好	较好
电弧焊	最好	较差	较差	最好	较差	较差
硬钎焊	最好	较好	最好	最好	较差	较好
铆接	最好	较差	较差	最好	最好	较好
冲毛连接	较好	最好	较好	较差	最好	较好
成型连接	较差	最好	最好	最好	最好	较好
胶接	较好	较差	最好	较差	较好	较好
专用紧固件	较差	较好	较好	最好	最好	较差

需要注意的是，有些教材将拆卸时仅连接件毁坏而被连接件不毁坏的连接情况也归纳为可拆卸的连接，如铆接，而将连接件和被连接件全部毁坏后才能实现拆卸的连接方式称为永久性连接。通常可拆卸连接不用于金属结构的制造，而用于零件的装配和定位；永久性连接通常用于金属结构或零件的制造。螺栓连接、铆钉连接和焊接连接是金属材料最常见的连接方式，如图1-1所示。

螺栓属于机械零件，即配用螺母的圆柱形带螺纹的紧固件。由头部和螺杆（带有外螺纹的圆柱体）两部分组成的一类紧固件，需与螺母配合，用于紧固连接两个带有通孔的零件，这种连接形式称螺栓连接。如把螺母从螺栓上旋下，又可以使这两个零件分开，故螺栓连接属于可拆卸连接。

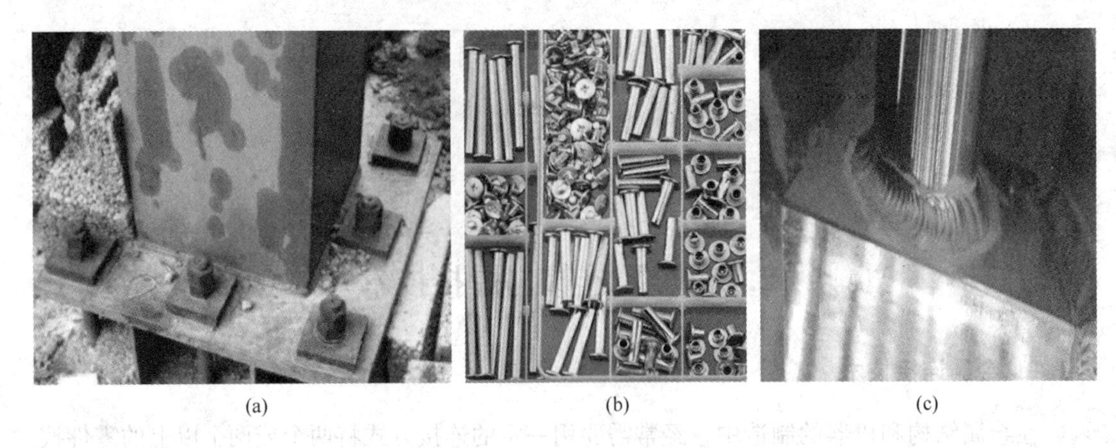

(a)　(b)　(c)

图 1-1　常见的连接方式
（a）螺栓连接；（b）铆接；（c）焊接连接

铆钉连接是利用铆钉将两个或两个以上的元件（一般为板材或型材）连接在一起的方法，简称铆接。铆钉有空心和实心两大类。铆钉连接的特点是连接刚度大、传力可靠，但是对施工技术要求很高、劳动强度大、施工条件差、施工速度慢。

焊接连接就是通过焊接的方法，将分离的金属连在一起的技术。目前世界各国年平均生产的焊接结构用钢已占钢产量的45%左右，所以焊接是目前应用极为广泛的一种永久性连接方法。它的优点是构造简单、制作加工方便、不削弱截面、连接刚度大、可实现自动化操作，但是焊接过程中容易产生焊接应力与变形，且材质易脆、存在残余应力、对裂纹敏感等。这些缺陷就是焊接技术与工程相关工程师需要解决的问题。

焊接与铆接、螺栓等方法连接相比，可以节省大量金属材料，减轻结构的重量，成本较低；简化加工与装配工序，工序较简单，生产周期较短，劳动生产率高；焊接接头不仅强度高，而且其他性能（如耐热性能、耐腐蚀性能、密封性能）都能与焊件材料相匹配，焊接质量高；劳动强度低，劳动条件好等。

1.1.2　焊接技术

1.1.2.1　焊接的本质

焊接是通过加热或加压，或同时使用加热和加压的方法，使待连接件达到原子间结合的一种材料连接方法。

图 1-2 所示为焊接过程原理示意图，从理论上讲，两分离的材料表面之间的距离能够接近到一个原子的距离，亦即 0.4 ~ 0.5nm 时，两块材料就能连接在一起。实际上，在常温下这种情况一般不会发生，因为即使这两个要结合的表面经过精密加工，从微观上来看，这个表面依然是凹凸不平的。另外，由于材料表面存在氧化膜及水分、油等吸附层杂质，也会极大地阻碍材料的连接。

因此，焊接过程的物理本质就是采用在外部施加能量的办法，去除阻碍原子间结合的一切表面氧化膜和吸附层杂质，促使分离材料的原子接近，形成原子间的结合，得到一个冶金结合焊接接头。常用的施加外部能量的方法是加热和加压。加热是把材料加热到熔化

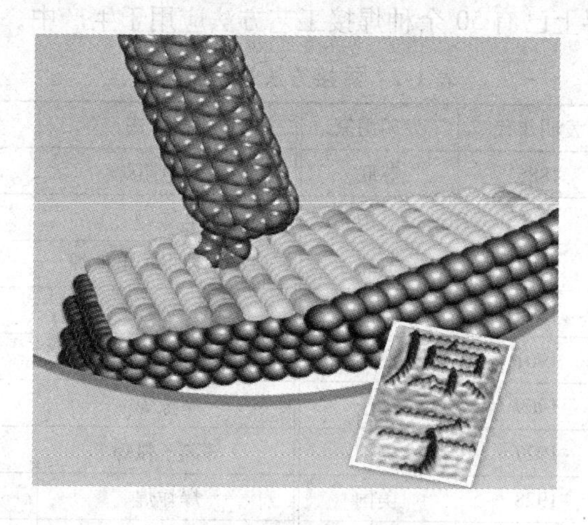

图 1-2 焊接原理图

状态，或者把材料加热到塑性状态，加压可使材料产生塑性变形。

1.1.2.2 焊接性的要求

焊接性是指金属材料在采用一定的焊接工艺，包括焊接方法、焊接材料、焊接规范及焊接结构形式等条件下，获得优良焊接接头的难易程度。

焊接性主要包括了两方面的内容，即接合性能和使用性能。接合性能是指金属材料在一定的焊接条件下，获得无缺陷的优质焊接接头的能力，它的主要影响因素有熔点、热导率、膨胀率、表面张力，以及工件和焊接材料在焊接时的化学性能和冶金作用等。常见的焊接缺陷包括气孔、夹杂、裂纹、焊瘤、变形等。使用性能是指焊接接头满足使用性能的程度，常见的检测指标是焊接接头的抗拉程度、抗疲劳性能、抗蠕变性能、抗腐蚀性能、抗磨损性能等。

焊接是一项复杂的工程，要想获得良好可靠的焊接件，焊接工程师需要掌握以下方面的知识：

（1）熟悉常见的焊接方法和设备，这样就可以根据焊接材料的特性和焊接质量的要求，结合各种焊接技术方法和设备的特点，选择出最佳的焊接方法，实现材料的可靠连接；

（2）认识焊接结构的力学行为特征，便于了解或解决焊接接头在诸如疲劳、腐蚀或低温环境下可能发生提前失效或对有缺陷结构进行安全评定或焊后处理；

（3）了解材料连接中的物理化学冶金过程，解决可能出现的各种冶金缺陷，获得理想的组织结构性能。

1.2 焊接技术的发展与人才需求

1.2.1 焊接技术发展历程

近代焊接技术，是从1885年出现碳弧焊开始，20世纪40年代初期出现了优质电焊条后，焊接技术得到了一次飞跃，并形成了较为完整的焊接工艺体系。随后经过半个多世纪的发展，现在在世界上已有50余种焊接工艺方法应用于生产中，如表1-2所示。

表1-2 焊接方法的发展简史

焊接方法	发明年代	发明国家	焊接方法	发明年代	发明国家
碳弧焊	1885	苏联	高频电阻焊	1951	美国
电阻焊	1886	美国	电渣焊	1951	苏联
金属极电弧焊	1892	苏联	CO_2 气体保护电弧焊	1953	美国
热剂焊	1895	德国	超声波焊	1956	美国
氧乙炔焊	1901	法国	电子束焊	1956	法国
金属喷镀	1909	瑞士	摩擦焊	1957	苏联
原子氢焊	1927	美国	等离子弧焊	1957	美国
高频感应焊	1928	美国	爆炸焊	1963	美国
惰性气体保护电弧焊	1930	美国	激光焊	1965	美国
埋弧焊	1935	美国	大功率连续焊	1970	美国
冷压焊	1948	英国	搅拌摩擦焊	1990	美国

在焊接技术发展史中，20世纪40～80年代，是现代焊接和连接工程技术发展和成熟的主要阶段，其主要标志是：

（1）对焊接电弧、接触点电阻的形态和控制途径进行了深入研究，电焊机结构和性能得到了大幅改善，焊接接头质量迅速上升。

（2）新型焊接方法的出现使焊接过程实现了机械化和自动化，可焊材料的范围也大大增加。70年代发展起来的药芯焊丝气保护焊，80年代以后发展起来的机器人焊接技术，使得电弧焊、电阻焊从早期的完全手工操作向机械化、自动化方向迈出了重要步伐，也使得电弧焊的焊接范围从钢铁向铝合金、钛合金等有色金属领域扩展。

（3）对焊缝及热影响区金属组织性能进行广泛的试验研究，确立了评判方法及标准，找到了质量保证和改进途径。通过材料焊接性的试验，促使人们相信并逐步认识到材料的设计和生产要充分考虑其焊接适应性，甚至为了适应焊接的需求，不得不对材料的设计性能做出一定的调整。

（4）通过对船舶、桥梁等焊接结构中残余应力、变形等的研究，特别是对二次大战期间匆忙制造的各种海轮在使用过程中发生断裂、数十座钢桥产生低温疲劳的惨痛事故的研究，认识到焊缝除了存在各种冶金缺陷，如未焊透、裂缝、气孔、夹渣等，焊接接头必然存在着与母材不同的组织性能和力学特性，如残余应力、应力集中等，所有这些都会使焊接接头承受比母材更严重的、不合理的工作负荷。焊接力学的产生，为焊接接头的制造和使用规范的制订提供了更科学的依据，使各种焊接结构制造质量的可靠性和使用安全性有了更可靠的保障和提高。

（5）各类同质和异质材料连接的可能性和改善接头性能的工艺方法得到了广泛而深入的研究。金属与陶瓷的连接技术是异质材料连接的典型代表，钛合金、铝镁合金、金属基复合材料的连接，以及优质高效合金技术的发展是新型材料和连接技术发展的重要标志性事件。

当今，35万吨级的超大型船舶、500人承载能力的大型喷气客机、时速400km以上的高速列车、1000MW以上的大型电站、千万亿次以上的超级计算机、航天飞机或宇宙飞船等，这些现代标志性的科技和工程成果无一不是焊接与连接工程技术发展与成熟的表现，同时也表明焊接连接技术在现代社会中的作用和地位。

1.2.2 我国焊接专业高等教育发展简介

我国焊接人才的培养已有67年的历史。从高等院校焊接教育来看，从1952年在苏联的支持下哈尔滨工业大学建立焊接专业起，天津大学、清华大学、上海交通大学等院校相继成立焊接专业，最鼎盛时有50多所大学培养焊接工艺及设备的本科生，年毕业学生达5000多人，为计划体制下的国民经济发展发挥了重要作用。但从1998年起，我国推行通才教育政策，撤销了焊接工艺及设备专业。全国仅哈尔滨工业大学保留焊接专业继续办学，大多数高校根据教育部的精神，把焊接和铸造、锻压专业合并成为材料成型与控制工程专业，并按新专业目录实行招生，因此造成了每年培养焊接本科人才过少，以致高层次的焊接技术人才培养出现断层，企业普遍感到专业人才特别是高层次的焊接专业人才匮乏，创新研发能力不足。基于此，教育部后来同意焊接专业作为目录外专业，同意部分高等院校重新招生焊接专业学生。

下面是近5年获批通过可以进行焊接技术与工程专业招生的高校。

2018年：北华航天工业学院、营口理工学院、洛阳理工学院、贵州理工学院。

2017年：廊坊师范学院、辽宁理工学院。

2016年：常州大学怀德学院、河北工程大学、佳木斯大学、湖北汽车工业学院、西南石油大学。

2015年：安徽工业大学、兰州工业学院、天津职业技术师范大学、上海电机学院。

2014年：湘潭大学、河北科技大学、沈阳航空航天大学、辽宁工业大学、沈阳工学院、重庆科技学院、新疆工程学院。

1.2.3 焊接技术发展现状与趋势

1.2.3.1 焊接技术的发展现状

随着工业和科学技术的发展，焊接技术也在不断进步，焊接已从单一的加工工艺发展成为综合性的先进工艺技术。焊接技术的新发展主要体现在以下几个方面：

（1）提高焊接生产率，进行高效化焊接。焊条电弧焊中的铁粉焊条、重力焊条和躺焊条工艺，埋弧焊中的多丝焊、热丝焊、窄间隙焊接，气体保护电弧焊中的气电立焊、热丝MAG焊、TIME焊等，是常用的高效化焊接方法。

（2）提高焊接过程自动化、智能化水平。国外焊接过程机械化、自动化已达很高程度，而我国手工焊接所占比例却很大。按焊丝与焊接材料的比例来计算机械化、自动化比例，1999年日本为80%，西欧为74%，美国为71%，2000年我国为23%。焊接机器人的应用是提高焊接过程自动化水平的有效途径，应用焊接专业系统、神经网络系统等都能提高焊接过程智能化水平。

（3）研究开发新的焊接热源。焊接工艺几乎运用了世界上一切可以利用的热源，如火焰、电弧、电阻、激光、电子束等。但新的、更好的、更有效的焊接热源研发一直在进行，例如采用两种热源的叠加，以获得更强的能量密度，如等离子束加激光、电弧中加激光等。

1.2.3.2 焊接技术发展趋势

优质、高效是焊接领域面临的两大主题，生产自动化程度低下、焊接质量可靠性较低的现象不能令人满意。节能、降耗主要是对方法、设备的要求，具体如下：

（1）深入研究焊接连接过程的动态特征，建立能反应焊接质量可靠性控制系统的定量模型。

（2）寻找直接确定和控制焊接质量参数的检测方法，例如熔焊过程中的熔池形状参数，焊丝熔化过程中的液滴尺寸、电弧长度等，点焊过程中的焊核尺寸。

（3）研究新的实时控制方法，实现更精确而有效的焊接过程控制。如焊接过程中参数优化、模糊控制、神经网络控制等。

（4）针对不断涌现的新材料、新结构，研究确定合理的焊接和连接工艺，包括创造新的工艺方法。

（5）改进机器人焊机的控制功能，研究焊接 CIMS 系统，设计研究针对具体生产活动的专门自动化焊接系统。发展智能型焊接机器人以替代现有的预置程序或示教再现型焊接机器人。

（6）寻找焊接结构后期质量的安全评定和改善质量的有效措施。一个大型焊接构件，如海洋平台、大型储罐、闸门、桥梁等，要想在焊接生产过程中不产生任何问题，或者在后期使用过程中一直保持完好是不可能的。

1.2.4 焊接技术人才需求与就业

焊接是一种先进的制造技术，它已从单一的加工工艺发展成为现代科技多学科互相交融的新学科，成为一种综合的工程技术。它涉及材料、结构设计、焊接预处理、焊接工艺装备、焊接材料、成型、焊接生产过程控制及机械化自动化、焊接质量控制、焊后热处理等诸多技术领域。焊接技术已广泛地应用于工业生产的各个部门，在推动工业的发展和产品的技术进步以及促进国民经济的发展都发挥着重要作用。焊接是现代化制造、智能制造不可缺少的一门技术。

改革开放 40 年来，随着科技的发展、技术的进步，我国装备制造业也取得了长足的进步，与此同时，国务院颁布了由制造业大国向制造业强国转变的《中国制造 2025》发展纲要。《中国制造 2025》提出，通过“三步走”实现制造强国的战略目标：第一步，到 2025 年迈入制造强国行列；第二步，到 2035 年中国制造业整体达到世界制造强国阵营中等水平；第三步，到新中国成立一百年时，综合实力进入世界制造强国前列。国家“十三五”规划中明确提出加快发展新型制造业，实施智能制造工程，加快发展智能制造关键技术装备，强化智能制造标准、工业电子设备等基础。

焊接行业是制造业的重要构成部分，在国民经济和世界同行业中占有重要地位。随着近年来中国工业经济的快速发展，作为“工业缝纫机”的焊接行业发展势头迅猛。据国家统计局 2019 年 1 月 21 日数据显示，2018 年我国粗钢产量突破了 9 亿吨，达到了 9.28 亿吨。我国的汽车产量 2018 年达到了 2796.8 万辆，造船用钢约 850 万吨。我国焊接材料年总产量在 2014 年就已经增长到 568 万吨。2018 年我国电焊机产量达到了 853.3 万台，焊接机器人市场规模也已经突破了 100 亿。随着我国经济的快速、稳步发展，带动了与焊接行业相关产业的高速发展，特别是制造业、建筑业等焊接行业大客户的规模及整体实力不断提升。我国焊接产业的规模快速增长，焊接与国民经济的各个行业紧紧连在一起，这些无疑给焊接行业带来了广阔的发展前景和机遇。

根据我国产业类别的划分方法，与焊接行业相关的企业广泛分布在锅炉、压力容器、发电设备、核设施、石油化工、管道、冶金、矿山、铁路、汽车、造船、港口设施、航空航天、建筑、农业机械、水利设施、工程机械、机器制造、医疗器械、精密仪器和电子等行业中。这些企业在我国工业经济建设中影响深、涉及面广、具有举足轻重的影响和作用。据不完全统计，这些以焊接为主要加工技术（或焊接对其产品质量具有关键影响的）的企业数量达7000多家。我国现有焊接器材的生产企业上千家，其中焊接设备的生产企业数量约为900家，焊接材料生产企业数量在500家以上。另外，我国还有上百家企业从事焊接辅机具、配套器具、切割机具和相关的安全防护用品的生产制造，这些企业构成了我国焊接器材供应业的主体，也是焊接专业人才需求的主体。

1.3 焊接技术的应用及特点

1.3.1 焊接技术的应用

焊接在机械制造中是一种十分重要的加工工艺。据工业发达国家统计，每年用于制造焊接结构的钢材占钢总产量的70%左右。焊接不仅能解决各种钢材的连接，而且还能解决有色金属和钛、锆等特种金属材料以及陶瓷材料的连接。焊接技术已广泛地应用于机械、汽车、船舶、石油化工、电力、建筑、核能、海洋工程、航空航天、电子等工业领域。图1-3是焊接技术的一些应用领域。

图1-3 焊接技术的应用

随着现代工业生产的需要和科学技术的蓬勃发展，焊接技术进步很快，到现在焊接方法已发展到数十种之多。

目前许多新的焊接工艺，特别是计算机技术，正逐步用于焊接生产，极大地提高了焊接生产率和焊接质量。计算机控制系统在焊接生产工艺的应用，在国外已经比较普遍，除用于焊接工艺参数的控制之外，还可用于整条生产线、焊机的群控。它还可以根据材料厚度自动选择并预置焊接工艺参数，对焊接过程实现自适应控制、最佳控制及智能控制等。从焊接装备上讲，具有智能的焊接机器人，特别是具有自动路径规划、自动校正轨迹、自动控制熔深的机器人以及特殊用途的焊接专用装备是近期重点发展方向。从焊接工艺上讲，优质、高效、低成本以及绿色、节能的焊接工艺，如复合热源焊接，是未来发展的重要方向。

1.3.2 焊接技术的特点

焊接之所以能得到广泛应用，是因为焊接具有以下优点：

（1）和其他加工方法相比可以节省大量的金属材料。比如与铆接相比，焊接结构可以节省材料10%～30%。这是由于焊接结构不必钻铆钉孔，材料截面得到充分利用，也不必使用铆接结构必须使用的一些辅助材料。

（2）焊接结构的生产周期短。比如与铸造相比，焊接结构生产不需要制模和造型，也不需要熔炼和浇注，工序简单，生产周期短，这一点对于单件小批生产尤其明显。另一方面，用焊接方法制造零件毛坯或部件，后续机械加工量少，甚至不需机械加工就能使用，劳动量少。与铸造和锻造件比，投入的劳动少，生产率高。

（3）通过焊接，可以很方便地实现多种不同形状和不同厚度的钢板（或其他金属材料）的连接，甚至可以将不同种类的金属材料连接起来。

（4）焊接结构的刚性大，重量轻。焊接是一种金属原子之间的永久连接方式，焊接结构中各部分是直接连接的，与其他的连接方式相比，不需要其他的附加连接件，同时焊接接头的强度一般与母材相当，因此，焊接结构重量轻、刚度大、安全可靠。

（5）焊接结构生产一般不需要大型和贵重的机器设备。投建焊接结构制造工厂（车间）所需设备和厂房的投资少、见效快。同时，焊接车间适应不同批量的产品生产，而且结构的变更与改型快，所以转产（焊接结构产品）方便，而且并不因此而增加更多投资。

（6）焊接准备工作简单。近年随着数控精密切割设备的发展，无论是多大厚度或形状多么复杂的待焊件，都可以不用预先划线而直接从板料上切割出来，并且一般不必再机械加工，就能投入装配和焊接。

（7）接头的强度高。与铆钉或螺栓结构的接头相比，焊接接头的强度高。这是由于对于铆接和螺栓连接接头，都必须预先在母材上钻孔，因而减小了接头的工作截面，使其接头的强度低于母材（大约低20%左右）。而现代的焊接技术已经能做到焊接接头的强度等于甚至高于母材的强度。

（8）焊接结构设计的灵活性大。

（9）焊接接头密封性好。焊缝可以达到其他连接方法无法比拟的气密和液密性能，特别在高温、高压容器和船壳等需要高度密封的结构上，只有焊接才是最理想的连接形式。

（10）最适于制作大型或重型的、结构简单，而且是单件小批量生产的产品结构。由于受设备容量的限制，铸造与锻造制作大型金属结构困难，甚至不可能。对于焊接结构来说，结构越大、越简单，越能发挥它的优越性。但是，当构件小、形状复杂，而且是大批量生产时，从技术和经济上就不一定比铸造或锻造结构优越。

（11）容易实现自动化生产。如果在焊接结构上的焊缝很规则，就容易实现高效率的机械化和自动化焊接生产，其综合经济效益极为显著。

（12）成品率高。一旦出现焊接缺陷，容易修复。

当然，焊接结构也有一些不足之处：

（1）会产生一定的焊接残留应力和焊接变形，有可能影响零部件与焊接结构的形状、尺寸，增加结构工作时的应力，降低承载能力，甚至引起断裂破坏。

（2）焊接过程容易产生气孔、夹渣、裂纹等缺陷，降低承载能力，缩短焊接结构使用寿命。

1.4　焊接专业培养目标及知识结构

1.4.1　焊接专业人才培养目标

焊接专业主要培养具有坚实的自然科学基础、材料科学与工程专业基础和人文社会科学基础，具有较强的工程意识、工程素质、实践能力、自我获取知识的能力、创新素质、创业精神、国际视野、优良的职业道德与团队协作精神、沟通和组织管理能力，并掌握焊接技术与工程领域的基础理论和专业知识，具备解决焊接工程问题的实践能力和一定的科学研究能力，具有创新精神，能在航空航天、能源交通、电力电器等领域从事焊接技术与工程相关的科学理论研究、新材料、新工艺或者新技术的研发、生产技术开发和过程控制的科技工作，也可承担焊接相关领域的教学、科技管理和经营等方面工作的高级工程技术人才。

本科层次焊接技术相关专业的毕业生在达到毕业要求的基础上，一般需要经过5年左右的工作实践，达到如下预期目标：

（1）遵纪守法，具有良好的职业道德和职业素养，社会和环境意识强，有能力服务社会；

（2）具备焊接工程师的基本素质和能力，能够独立从事焊接新技术的开发与设计、焊接仪器设备的开发、焊接质量的检测等工作；

（3）具备焊接产品评估的综合能力，能够在企业、单位从事焊接生产、产品管理以及产品质量监督等工作；

（4）具有较好的口头和书面表达能力、团队协助能力，能在团队中有效发挥作用；

（5）可持续发展能力强，有能力继续学习新知识和新技术，以适应社会不断发展的需要。

1.4.2　焊接专业人才知识结构

本科层次焊接技术与工程专业培养较系统地掌握材料科学、焊接冶金及材料焊接性、焊接设备及自动化、焊接应力与变形控制等方面所必需的基础理论与专业知识，注重多学科知识的综合运用并获得工程师基本训练的高级工程技术人才。学生毕业后能在船舶、机械、化工及国防工业等领域从事焊接技术与工程方面的试验研究、开发设计、运行管理和经营销售等方面工作。

焊接技术与工程专业常设置的平台课程有机械设计制造基础、工程制图、互换性与测量技术、电工学等，常设的专业课程有焊接导论、金属学原理、热处理原理与工艺、熔焊原理、焊接冶金学、材料焊接性、焊接结构学、弧焊电源、焊接方法及设备、焊接质量检测等，以及焊接专题实验、焊接综合实训等实践教学课程。

本科层次焊接技术相关专业的毕业生一般需要获得如下一些能力：

（1）工程知识。能够将数学、自然科学、工程基础、材料科学和焊接技术与工程等专业知识用于解决复杂的焊接过程中科学与工程问题。

（2）问题分析。能够熟练地应用数学、自然科学、材料科学和焊接技术与工程的基本原理，识别、表达并通过文献研究分析复杂的焊接工程问题，以获得有效的结论，解决实际生产中与焊接技术相关的问题。

（3）设计/开发解决方案。能够设计针对复杂焊接工程问题的解决方案，设定满足针对特定需求的焊接工艺设计或生产工艺流程，并能够在设计环节中体现创新意识，考虑社会、健康、安全、法律、文化以及环境等因素。

（4）研究。能够基于焊接技术的基本原理并采用焊接工程技术方法对焊接过程的科学与工程问题进行研究，包括设计实验、分析与解释数据，并通过信息综合得到合理有效的结论。

（5）使用现代工具。能够针对复杂的焊接工程问题，开发、选择与使用恰当的技术、资源、现代工程工具和信息技术工具，对复杂焊接工程问题进行预测与模拟，并能够理解这些工具的局限性。

（6）工程与社会。能够基于焊接技术与工程相关背景知识进行合理分析，评价焊接工程实践和复杂的焊接工程问题解决方案对社会、健康、安全、法律以及文化的影响，并理解应承担的责任。

（7）环境和可持续发展。能够理解和评价针对焊接技术与工程问题的专业工程实践对环境、社会可持续发展的影响。

（8）职业规范。具有良好的人文社会科学素养、社会责任感，能够在焊接工程实践中理解并遵守工程职业道德和规范，履行责任。

（9）个人与团队。能够在多学科背景下的团队中承担个体、团队成员以及负责人的角色。

（10）沟通。能够就焊接技术与工程问题与业界同行及社会公众进行有效沟通和交流，包括撰写报告和设计文稿、陈述发言，清晰表达或回应指令。并具备一定的国际视野，能够在跨文化背景下进行沟通和交流。

（11）项目管理。理解并掌握工程管理原理与经济决策方法，并能在多学科环境中应用。

（12）终身学习。具有自主学习和终身学习的意识，有不断学习和适应发展的能力。

参 考 文 献

[1] 何德孚. 焊接与连接工程学导论 [M]. 上海：上海交通大学出版社，1998.

[2] 张萍萍. 焊接技术概论 [J]. 科技致富向导，2011 (29)：71.

[3] 胡木生. 焊接工艺及技术 [M]. 北京：中国水利水电出版社，2015.

[4] 周振丰. 焊接冶金学（金属焊接性）[M]. 北京：机械工业出版社，1995.

[5] 邹家生，朱松，郭甜. 以特色专业建设为契机，全面提高我国高校人才培养质量——以江苏科技大学焊接技术与工程专业为例 [J]. 江苏科技大学学报（社会科学版），2011，11 (1)：102～107.

[6] 徐磊，张建军，魏晓伟. 适应"卓越工程师教育培养计划"的焊接技术与工程专业人才培养模式研究 [J]. 教育教学论坛，2015 (17)：102～103.

[7] 徐荣正，国旭明，张占伟，等. 基于"学、赛、研"递进式的焊接技术与工程专业人才培养模式改革探讨 [J]. 南方农机，2018 (6)：16.

[8] 刘大双，魏萍. 以应用技术为导向的焊接技术与工程专业课程改革 [J]. 中国教育技术装备，2014 (20)：109～110.

[9] 夏春智，许祥平，邹家生. 工科高校特色专业人才教育教学的实践与思考——以江苏科技大学焊接技术与工程专业为例 [J]. 新校园旬刊，2013 (11)：46.

[10] 史耀武. 中国材料工程大典. 第22卷，材料焊接工程（上）[M]. 北京：化学工业出版社，2006.

[11] 陈伯蠡. 焊接冶金原理 [M]. 北京：清华大学出版社，1991.

[12] 王国凡. 钢结构焊接导论 [M]. 哈尔滨：哈尔滨工业大学出版社，2009.

[13] 吴忠智. 调速用变频器及配套设备选用指南 [J]. 焊接技术，2013 (11)：I0001.

[14] 周振丰，张文钺. 焊接冶金与金属焊接性 [M]. 北京：机械工业出版社，1988.

[15] 中国机械工程学会焊接学会. 焊接手册（2、3卷）[M]. 北京：机械工业出版社，2008.

[16] 王嘉麟，等. 球形储罐焊接工程技术 [M]. 北京：机械工业出版社，2000.

[17] 顾钰熹. 特种工程材料焊接 [M]. 沈阳：辽宁科学技术出版社，1998.

[18] 中国焊接学会. 先进焊接技术制造丛书 [M]. 北京：机械工业出版社，2000.

练习与思考题

1-1 选择题

1-1-1 金属连接方式可分为两大类：一类是可拆卸连接，另一类是永久性连接。下列不属于可拆卸连接的是(　　)。

A. 键连接　　B. 销连接　　C. 螺栓连接　　D. 铆接

1-1-2 下列连接方法中连接强度较小的是(　　)。

A. 电阻焊　　B. 铆接　　C. 胶接　　D. 硬钎焊

1-1-3 焊接与铆接、螺栓等连接方法相比，下列哪一个不是其优点？(　　)

A. 节省材料　　B. 成本较高　　C. 工序简单　　D. 生产率高

1-1-4 焊接结构生产的全过程涵盖了焊接学科三大领域，下列哪一项不属于三大领域？(　　)

A. 焊接力学　　B. 焊接冶金

C. 焊接检测　　D. 焊接方法和设备

1-1-5 下列哪一项不属于铆钉连接的特点？(　　)

A. 连接刚度大　　B. 传力可靠

C. 劳动强度大　　D. 施工速度快

1-1-6 自碳弧的发明到目前，焊接技术的发明中(　　)的贡献最大。

A. 美国　　B. 苏联　　C. 德国　　D. 法国

1-1-7 下列选项中不属于新型焊接热源的是(　　)。

A. 火焰　　B. 激光　　C. 电子束　　D. 电阻

1-1-8 《中国制造2025》提出，通过“(　　)”实现制造强国的战略目标。

A. 两步走　　B. 三步走　　C. 四步走　　D. 五步走

1-1-9 (　　)年代发展起来的是药芯焊丝气保护焊。

A. 60　　B. 70　　C. 80　　D. 90

1-1-10 (　　)年代以后发展起来的是机器人焊接技术。

A. 60　　B. 70　　C. 80　　D. 90

1-2 简答题

1-2-1 焊接与其他连接技术相比，具有哪些优点使得焊接运用比较广泛？请简要叙述。

1-2-2 作为焊接技术的本科学生，请谈谈焊接技术所涉及的领域以及我国运用到焊接的行业。

1-2-3 怎样才能成为一名合格的焊接工程师？请简单谈谈自己的看法。

1-2-4 焊接的特点是焊接结构设计的灵活性大，请简要谈谈焊接为何有比较大的灵活性。

1-2-5 什么是焊接，焊接过程的物理本质是什么？请简要介绍。

1-3 综合分析题

1-3-1 随着时代的发展哪些方面能体现现代焊接和连接工程技术发展和成熟的主要阶段？

1-3-2 为什么说焊接是目前应用极为广泛的一种永久性连接方法？

2 弧焊基础

2.1 焊接电弧产生机理与特征

2.1.1 焊接电弧的产生

电弧是一种气体放电现象，即两电极之间或电极与母材之间的气体介质中产生的强烈而持久的放电现象，如图2-1所示。焊接电弧的主要作用是把电能转换成热能，同时产生光辐射和响声（电弧声）。电弧的高热可用于焊接、切割和沾炼等。

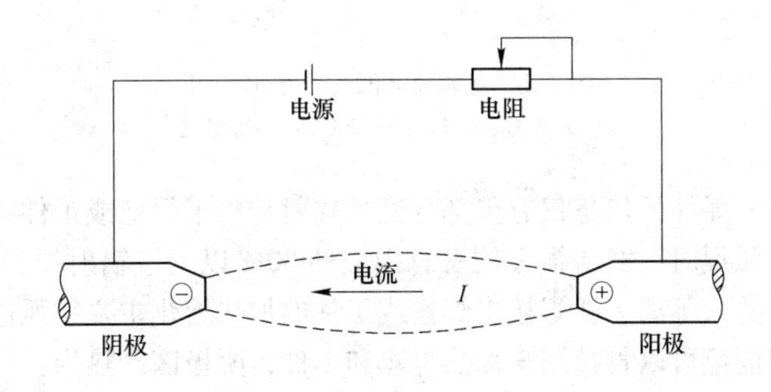

图2-1 电弧示意图

两电极之间要产生气体放电必须具备两个条件：一是必须有带电粒子；二是在两极之间必须有一定强度的电场。带电粒子主要是依靠电弧中气体介质的电离和电极的电子发射两个物理过程产生的。电离是指在外加能量的作用下，使中性气体分子或原子分离成为正离子和电子的现象。

焊条与焊件之间是有电压的，当它们相互接触时，相当于电弧焊电源短接。由于接触点很大，短路电流很大，因此产生了大量电阻热，使金属熔化，甚至蒸发、汽化，引起强烈的电子发射和气体电离。这时，再把焊丝与焊件之间拉开一点距离，这样，由于电源电压的作用，在这段距离内，形成很强的电场，又促使产生电子发射。同时，加速气体的电离，使带电粒子在电场作用下，向两极定向运动。弧焊电源不断地供给电能，新的带电粒子不断得到补充，形成连续燃烧的电弧。

2.1.2 焊接电弧的特征

2.1.2.1 焊接电弧的能量特性

焊接电弧不同于一般电弧，它有一个从点到面的轮廓。点是电弧电极的端部，面是电极覆盖工件的面积。电弧由电极端部扩展到工件，其温度分布是不一致的。从横截面来看，温度是从外层向电弧心渐渐升高的；从纵向来看，阳极和阴极的温度特别高。

许多研究表明，一般电弧焊时，阴极和阳极产生的热量相近，但由于阴极发射电子消耗的能量较多，阴极温度约为2200～3500K，而阳极温度约为2400～4200K。在相同的产热情况下，电极的温度受电极材料的种类、导热性、电极的几何尺寸影响较大。一般来说，材料的沸点越低、导热性越好、电极的尺寸越大，电极的温度越低，反之，则越高。弧柱区的温度分布较为复杂，如图2-2所示。

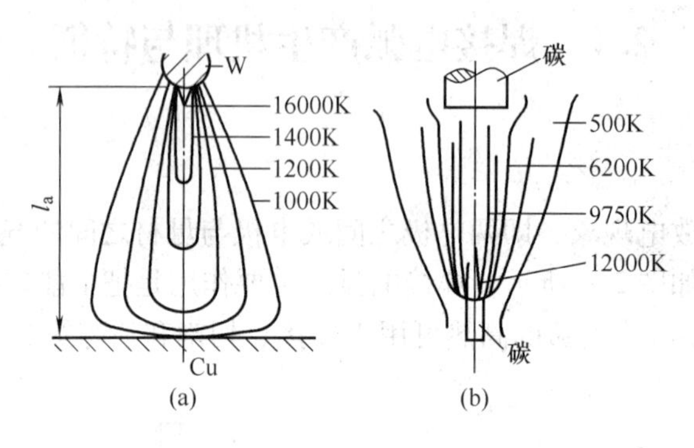

图2-2 电弧径向温度分布示意图

（a）W-Cu电极；（b）200A碳弧等温线

一般电弧焊中，弧柱的热量仅有少部分通过辐射传给了焊丝或工件，多数通过弧柱散热损失了；一般电弧焊时，对流损失约占总损失的80%以上，辐射损失为10%左右，而传导的损失是很少的。等离子弧焊接中焊丝或工件的加热熔化主要靠弧柱的热量。

阴极区产生的能量可以直接用来加热焊丝和工件，阴极区产热为：

$$P_K = I(U_K - U_w - U_T)$$

式中，U_K 为阴极压降；U_w 为逸出电压；U_T 为与弧柱温度相当的电压。

阳极区产生的能量可以直接用来加热焊丝和工件，阳极区产热为：

$$P_A = I(U_A + U_w + U_T)$$

式中，U_A 为阳极压降；U_w 为逸出电压；U_T 为与弧柱温度相当的电压。

2.1.2.2 焊接电弧力

弧焊过程中的电弧力主要包括电磁收缩力、等离子流力和斑点力三种，影响电弧力的主要因素是焊接电流和电弧电压、焊丝直径、电极的极性以及气体介质。

图2-3是液态导体电磁力的收缩效应示意图。电磁收缩力是电弧电流线之间产生的相互吸引力。由于电极两端的直径不同，因此电弧呈倒锥形状。电弧轴向推力在电弧横截面上分布不均匀，弧柱轴线处最大，向外逐渐减小，在焊件上此力表现为对熔池形成的压力，称为电磁静压力。它会使熔池下凹；对熔池产生搅拌作用，细化晶粒；促进排除杂质气体及夹渣；促进熔滴过渡；约束电弧的扩展，使电弧挺直，能量集中。

图2-4是电弧等离子气流的产生情况。等离子流力是电磁轴向静压力推动电极附近的高温气流（等离子流）持续冲向焊件，对熔池形成附加的压力。等离子流力可增大电弧的挺直性，促进熔滴过渡，增大熔深并对熔池形成搅拌作用。

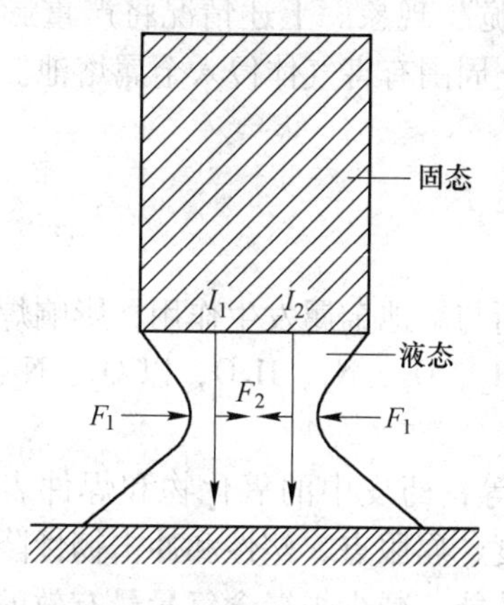

图 2-3 液态导体电磁力的收缩效应

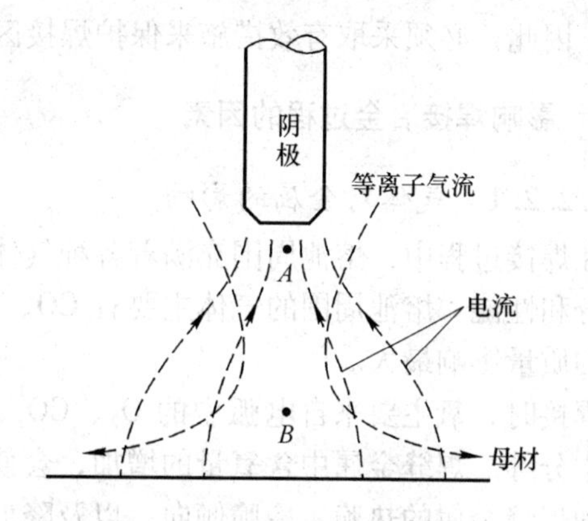

图 2-4 电弧等离子气流的产生

斑点力是指电极上形成斑点时，由于斑点处受到带电粒子的撞击或金属蒸发的反作用而对斑点产生的压力。斑点力的方向总是和熔滴过渡方向相反，因此总是阻碍熔滴过渡，产生飞溅。一般来说，阴极斑点力比阳极斑点力大。由于斑点导电和导热的特点，在斑点上将产生斑点压力。斑点压力包括以下几种力：

（1）正离子和电子对电极的撞击力；

（2）电磁收缩力（如图 2-5 所示）；

（3）电极材料蒸发产生的反作用力。

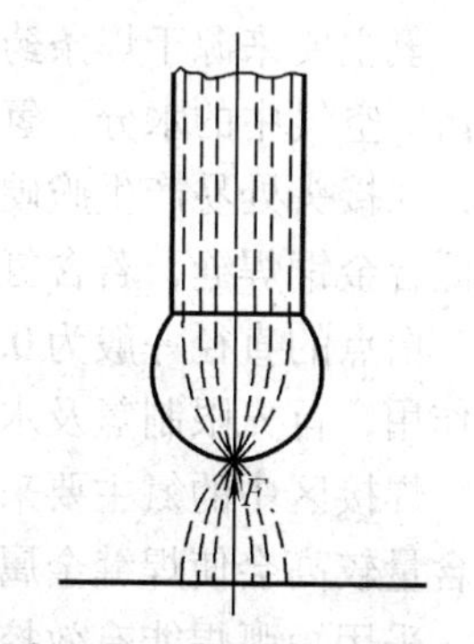

图 2-5 斑点的电磁收缩力

2.2 焊接冶金过程

焊接的冶金过程是非常复杂的，因为在熔焊接时，熔池周围充满着大量的气体和熔渣，与熔化金属之间不间断地进行着复杂的反应，这很大程度上决定着焊缝的质量。为了提高焊缝质量，在焊接前就要了解焊缝的冶金过程。

2.2.1 焊接冶金过程的特点

电弧焊时，被熔化的金属、熔渣、气体三者之间进行着一系列物理化学反应，如金属的氧化与还原、气体的溶解与析出、杂质的去除等。因此，焊接熔池可以看成是一座微型冶金炉。但是，焊接冶金过程又与一般的冶炼过程不同。焊接冶金过程主要有以下特点：

（1）冶金温度高。容易造成合金元素的烧损与蒸发。

（2）冶金过程短。焊接时，由于焊接熔池体积小（一般 2 ~ 3cm³），冷却速度快，液态停留时间短（熔池从形成到凝固约 10s），各种化学反应无法达到平衡状态，在焊缝中会出现化学成分不均匀的偏析现象。

（3）冶金条件差。焊接熔池一般暴露在空气中，熔池周围的气体、铁锈、油污等在电弧的高温下，将分解成原子态的氧、氮等，极易同金属元素产生化学反应，反应生成的氧化物、氮化物如果混入焊缝中，往往会使焊缝的力学性能下降；空气中水分分解成氢原子，在焊缝中产生气孔、裂缝等缺陷，会出现“氢脆”现象。上述情况将严重影响焊接质量，因此，必须采取有效措施来保护焊接区，防止周围有害气体侵入金属熔池。

2.2.2 影响焊接冶金过程的因素

2.2.2.1 气体对金属的影响

在焊接过程中，熔池周围充满着各种气体，不断与熔池金属发生作用，影响焊缝金属的成分和性能。熔池周围的气体主要有 CO、CO_2、H_2、O_2、N_2、H_2O，以 O_2、N_2、H_2 对焊缝的质量影响最大。

焊接时，氧主要来自电弧中的 O_2、CO_2、H_2O 等，药皮中的氧化物和焊件表面的铁锈、水分等。焊缝金属中含氧量的增加，会使其强度、屈服点、塑性和冲击韧性降低，还会增加焊缝金属的热脆、冷脆倾向，以及降低抗腐性能。减少焊缝含氧量最有效的措施是进行脱氧。

氢主要来源于焊条药皮和焊剂中的水分、焊条药皮中的有机物、焊件和焊丝表面上的油污、空气中的水分。氢容易引发氢致裂纹，在约束应力作用下就会产生冷裂纹。另一方面，在接头处易产生脆硬组织，使塑性下降。氢是焊缝中产生气孔的主要因素之一。碳钢或低合金钢焊缝，若含氢量较大，在其拉伸试件的断面出现鱼目状白色圆形斑点，称为白点。白点的直径一般为0.5～3mm，白点会使焊缝金属的塑性大大下降。为了减少氢的有害作用，首先限制氢及水分的来源，其次尽量防止氢溶入金属中，最后可进行脱氢处理。

焊接区中的氮主要来自空气。它在高温时溶入熔池中，并最终留存在焊缝金属中。氮的含量较高会使焊缝金属强度提高，塑性和韧性降低。氮是焊缝中产生气孔的主要元素之一。采用短弧焊能有效控制焊缝中的含氮量。

2.2.2.2 熔渣对金属的影响

焊接过程中，焊条药皮或焊剂熔化后经过一系列变化形成覆盖于焊缝表面的非金属物质叫熔渣。根据成分不同，熔渣可以分为三大类。

（1）盐型熔渣。它主要由氟酸盐、氯酸盐和不含氧的化合物组成。这类熔渣的氧化性小，用于焊接铝、钛和其他活性金属及其合金。

（2）盐－氧化物型熔渣。这类熔渣主要是氟化物和强金属氧化物组成。这类熔渣的氧化性也小，主要用于焊接高合金钢及其合金。

（3）氧化物型熔渣。它主要由各种金属氧化物组成，这类熔渣的氧化性较强，用于焊接低碳钢和低合金钢。

熔渣在焊接过程中的作用主要有以下几点：

（1）熔渣具有机械保护作用。熔渣覆盖在熔池表面上，可以把空气与液态金属隔开，保护液态金属不被氧化和氮化，还可以减缓冷却速度，从而改善焊缝金属的组织，提高焊缝的力学性能。

（2）熔渣具有冶金处理的作用。通过熔渣与熔池间的化学反应，可以实现脱氧、脱硫、脱磷和渗合金等，从而改善和控制焊缝的化学成分及性能。

（3）熔渣可以改善工艺性能。熔渣中含有一定量的低电离电位的物质，可以保证电弧的稳定性。熔渣均匀地覆盖在焊接熔池表面上，不仅有助于熔池中气体的逸出及阻止飞溅，还有助于焊缝良好成型。

2.3 熔滴过渡与控制

熔滴过渡是指在电弧热作用下，焊丝或焊条端部的熔化金属形成熔滴，受到各种力的作用从焊丝端部脱离并过渡到熔池的全过程。它与焊接过程稳定性、焊缝成型、飞溅大小等有直接关系，并最终影响焊接质量和生产效率。

2.3.1 熔滴过渡的类型

熔滴过渡的主要形式分为三种：自由过渡、接触过渡（短路过渡）和渣壁过渡。

2.3.1.1 自由过渡

自由过渡是指熔滴在电弧空间自由飞行，焊丝端头和熔池之间不发生直接接触的过渡方式。它包括滴状过渡和喷射过渡。

（1）滴状过渡。其特点是熔滴直径大于焊丝直径。电流较小，电弧电压高时，如小电流 MIG 焊（熔化极惰性气体保护焊），过渡频率低，主要是重力与表面张力的平衡，此时容易形成粗滴过渡。较大电流时，如大电流气体保护焊，过渡频率高，电弧稳定，此时容易形成细滴过渡，焊缝质量高。

（2）喷射过渡。在 MIG 焊时会出现这种形式的过渡。喷射过渡又分为射滴过渡、射流过渡、亚射流过渡等。

1）射滴过渡。熔滴直径接近焊丝直径，尺寸规则呈球形，沿轴向过渡。它的形成原因是熔滴被弧柱笼罩，电弧呈钟罩形，从而电磁收缩力形成较强的推力。射滴过渡经常出现在铝及其合金的氩弧焊及钢的脉冲氩弧焊。

2）射流过渡。电流密度大，熔滴直径小于焊丝直径。它形成原因是电流密度大，焊丝熔化端部形成尖锥状，出现金属蒸发，电弧跳弧（此时电流称为射流过渡的临界电流），形成很强的等离子流力。它经常出现在大电流 MIG 焊或大电流富氩混合气体保护焊。

3）亚射流过渡。介于接触过渡与射滴过渡之间的熔滴过渡形式。因其电弧较短，在电弧热作用下，形成的熔滴长大，在即将以射滴过渡时与熔池短路，在电磁收缩力的作用下断裂形成过渡。它的特点是短路前就已经形成细颈；短路时间短；飞溅小，焊缝成型美观；电弧自调节能力强；主要用于铝及其合金的焊接。

2.3.1.2 接触过渡

接触过渡又称短路过渡，是指当电流较小，电弧电压较低时，弧长较短，熔滴未长成大滴就与熔池接触形成液态金属短路，电弧熄灭，随之金属熔滴在表面张力及电磁收缩力的作用下过渡到熔池中去，熔滴脱落之后电弧重新引燃，如此交替进行的过渡方式。短路过渡是燃弧、熄弧交替进行的。短路过渡时，焊接平均电流较小。

2.3.1.3 渣壁过渡

渣壁过渡是埋弧焊和焊条电弧焊时熔滴过渡形式之一。埋弧焊时，电弧在熔渣形成的空腔内燃烧，熔滴中大部分是通过渣壳的内壁溜向熔池，这种过渡形式称沿渣壁过渡。焊条金属熔滴过渡形态由焊芯和药皮的类型、成分及药皮厚度决定，除了有前述的大熔滴过渡、喷射过渡、爆炸过渡等类型外，也有渣壁过渡。焊条熔滴渣壁过渡的特点是熔滴总是沿着焊条套筒内壁的某一侧滑出套筒，并在没有脱离套筒边缘之前，已脱离焊芯端部而和熔池接触（不构成短路），然后向熔池过渡，故又称沿套筒过渡。渣壁过渡电弧稳定，飞溅小，综合工艺性能优良，是理想的过渡形式。细熔滴和深套筒是焊条熔滴渣壁过渡形式的基本条件，使熔滴和熔渣表面张力减小，或焊条药皮厚度增大，使套筒变长，都有利于渣壁过渡。

2.3.2 熔滴过渡的影响因素

焊丝端部熔化金属形成的熔滴受到各种力的作用，各种力对熔滴过渡的影响是不同的，作用在熔滴上的力主要有重力、表面张力、电磁力、等离子流力、斑点压力等。

（1）重力。重力对熔滴过渡的影响取决于焊缝的空间位置。平焊位置，重力方向和熔滴过渡的方向相同，促使熔滴脱离焊丝末端，有利于熔滴过渡；立焊和仰焊位置，重力阻碍熔滴脱离焊丝末端，不利于熔滴过渡。

（2）表面张力。表面张力垂直作用于焊丝末端与熔滴相交并且相切的圆周面上，是在焊丝端头上保持熔滴的主要作用力。表面张力可以分解为径向分力和轴向分力。其中，径向分力使熔滴在焊丝末端产生缩颈；轴向分力使熔滴保持在焊丝末端，阻碍熔滴过渡。因此，通常情况下（如平焊位置），表面张力是阻碍熔滴过渡的。焊丝越细，表面张力越小，越有利于熔滴过渡。但在仰焊、立焊、横焊时，由于熔滴与熔池接触时表面张力有将熔滴拉入熔池的作用，且使熔滴或熔池不易流淌，有利于熔滴过渡。

（3）电磁力。导体本身磁场所产生的力称为电磁力。熔化极电弧焊时，电流通过焊丝、熔滴、电极斑点及弧柱的导电截面是变化的，电磁力轴向分力的方向也是变化的，但总是由小截面指向大截面。

（4）等离子流力。在电磁力的收缩作用下，电弧等离子体在电弧轴线方向产生的流体静压力称为等离子流力，其大小与弧柱截面积成反比，即从焊丝末端向熔池表面逐渐减小。等离子流力随等离子流从焊丝末端侧面切入，然后流向熔池，有助于熔滴脱离焊丝，促进熔滴过渡。焊丝直径越细，焊接电流越大，产生的等离子流力越大。

（5）斑点压力。在电场作用下，弧柱中的电子或正离子以极高的速度向焊丝端部的熔滴撞击时所产生的力称为斑点压力。无论电源极性是正接还是反接，它的方向和熔滴过渡的方向总是相反的，是阻碍熔滴过渡的力。当然，正离子的质量要高于电子的质量，所以正离子撞击熔滴时斑点压力较大。由于直流正接时，焊丝作阴极，熔滴受正离子的撞击，所以斑点压力的阻碍作用大，对熔滴过渡的阻碍作用较强。

熔滴过渡是上述所说的各种力综合作用的结果。当然，焊丝尺寸、电弧电压和焊接电流等也影响熔滴过渡的形式。

2.3.3 熔滴过渡的控制方法

当焊接材料和焊接方法确定后，对熔滴过渡形式和过渡过程进行控制，是保证获得良好焊接结果的关键环节。最常用的方法是控制焊接参数，例如焊条电弧焊的短路过渡是靠压低电弧和采用较小的电流，同时还要靠人工智能和操作技巧来实现；埋弧焊是靠控制焊接电流、电弧电压、电流种类或极性等焊接参数来控制渣壁过渡状态的；熔化极气体保护焊，除调整气体成分和焊接参数外，尚可采用脉冲电流和脉冲送丝等方法进行控制。

2.3.3.1 脉冲电流控制法

脉冲电流控制法是熔化极气体保护焊常用的一种控制熔滴过渡的方法，使焊接电流以一定的频率变化来控制焊丝的熔化及熔滴过渡。对于纯氩或富氩保护下的脉冲电弧焊，可在小电流的条件下实现稳定的射滴过渡或射流过渡。采用不同的脉冲电流频率和不同的脉冲电流幅值，可实现一个电流脉冲过渡一滴或多滴，或多个脉冲过渡一滴的方式进行焊接。

脉冲电流焊可控制对母材的热输入和焊缝成型，以满足高质量焊接的要求。

2.3.3.2 脉动送丝控制法

脉动送丝控制法是通过特殊的送丝机构，使送丝速度周期性变化以实现对熔滴过渡的控制。脉动送丝速度以正弦规律变化，以此决定了熔滴的形状和过渡的速度。最初熔滴的运动速度缓慢，其上作用着指向焊丝的惯性力，该力使熔滴变扁；当送丝速度达最大值后，送丝速度逐渐降低，而熔滴因受惯性力作用仍继续向前做加速运动，于是熔滴因拉长而形成缩颈，继而从焊丝上拉断，向熔池过渡。由于脉动送丝的惯性力促进熔滴过渡，因此脉动送丝焊接的最小电流将比电控脉冲焊的平均电流小10%～20%左右。

脉动送丝焊接，在电弧电压较高时可实现无短路焊接，在电弧电压较低时也可实现短路过渡。若焊接参数合适，则短路过程十分规则，飞溅小，焊接过程稳定。

这种焊接方法可用氩气、二氧化碳气体或混合气体进行保护，适用于薄板及全位置焊接。

2.3.3.3 机械振动控制法

机械振动控制法焊接时，焊接参数和送丝速度都保持不变，只是机头（包括送丝机构）以一定的频率振动，使电弧长度按振动频率由零（短路）变化到某一长度，然后再变到零。通过焊丝端头与熔池的接触和拉开（即电弧的熄灭和点燃），将焊丝的熔化金属过渡到熔池，这实质上与短路过程相同，只是外加的机械振动使短路过渡过程更加稳定，而且可控。机械振动的频率大都采用100Hz，振幅可在0.5～3mm之间调节。机械振动控制法主要用于磨损零件的修复堆焊，如各种轴、杆等。通常用氩气作为保护气体。

2.3.3.4 波形控制法

电流波形控制法是通过控制输出电流波形，在短路过渡时，使金属液桥在低的电流上升速度和低的短路峰值电流下爆断，以便控制熔滴过渡，减少飞溅，改善焊缝成型。

2.4 焊接接头的组织与性能

2.4.1 焊接接头的组织组成

焊接接头是指两个或两个以上零件要用焊接组合的接点，或指两个或两个以上零件用焊接方法连接的接头，包括焊缝、熔合区和热影响区。熔焊的焊接接头是由高温热源进行局部加热而形成。焊接接头由焊缝金属、熔合区、热影响区和母材金属所组成，如图2-6所示。

在焊接发生熔化凝固的区域称为焊缝，它由熔化的母材和填充金属组成。而焊接时基体金属受热的影响（但未熔化）而发生金相组织和力学性能变化的区域称为热影响区。熔合区是焊接接头中焊缝金属与热影响区的交界处，熔合区一般很窄，宽度为0.1～

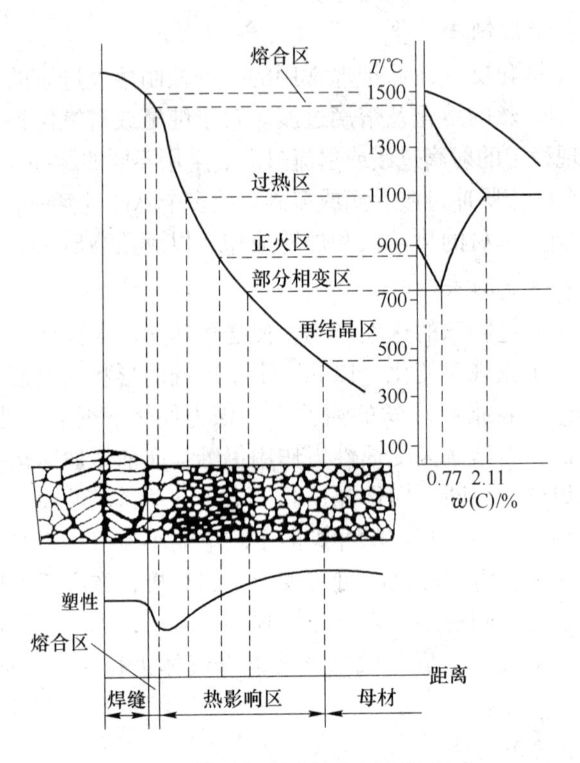

图 2-6 低碳钢焊接接头的组织组成

0.4mm。受焊接热循环的影响，焊缝附近的母材组织或性能发生变化的区域，叫焊接热影响区。熔焊焊缝和母材的交界线叫熔合线。熔合线两侧有一个很窄的焊缝与热影响区的过渡区，叫熔合区。焊接接头由焊缝区、熔合区和热影响区组成。

（1）焊缝区。接头金属及填充金属熔化后，又以较快的速度冷却凝固后形成焊缝区。焊缝组织是从液体金属结晶的铸态组织，晶粒粗大，成分偏析，组织不致密。但是，由于焊接熔池小，冷却快，化学成分控制严格，碳、硫、磷都较低，还通过渗合金调整焊缝化学成分，使其含有一定的合金元素，因此，焊缝金属的性能问题不大，可以满足性能要求，特别是强度容易达到。

（2）熔合区。熔合区是熔化区和非熔化区之间的过渡部分。熔合区化学成分不均匀，组织粗大，往往是粗大的过热组织或粗大的淬硬组织，其性能常常是焊接接头中最差的。熔合区和热影响区中的过热区（或淬火区）是焊接接头中力学性能最差的薄弱部位，会严重影响焊接接头的质量。

（3）热影响区。热影响区是被焊缝区的高温加热造成组织和性能改变的区域。低碳钢的热影响区可分为过热区、正火区和部分相变区。

过热区是最高加热温度 1100℃ 以上的区域，晶粒粗大，甚至产生过热组织，叫过热区。过热区的塑性和韧性明显下降，是热影响区中力学性能最差的部位。正火区是最高加热温度从 Ac_3 至 1100℃ 的区域，焊后空冷得到晶粒较细小的正火组织。正火区的力学性能较好。部分相变区是最高加热温度从 Ac_1 至 Ac_3 的区域，只有部分组织发生相变。此区晶粒不均匀，性能也较差。

2.4.2 焊接接头性能的影响因素

焊接接头的力学性能决定于它的化学成分和组织，具体有：

（1）焊接材料、焊丝和焊剂都影响焊缝的化学成分。

（2）焊接方法，一方面影响组织粗细程度，另一方面影响有害杂质含量。

（3）焊接工艺。焊接时，为保证焊接质量而选定的诸物理量（如焊接电流、电弧电压、焊接速度、线能量等）的总称，叫焊接工艺参数。线能量是指熔焊时，焊接能源输入给单位长度焊缝上的能量。显然焊接工艺参数影响焊接接头输入能量的大小，影响焊接热循环，从而影响热影响区的大小和接头组织粗细。

（4）焊后热处理，如正火，能细化接头组织，改善性能。

（5）接头形式、工件厚度、施焊环境温度和预热等均会影响焊后冷却速度，从而影响接头的组织和性能。

参考文献

［1］雷毅．金属焊接［M］．青岛：中国石油大学出版社，2011.
［2］刘晓兰．综述电弧焊技术的发展现状［J］．科技创业家，2012（13）：86.
［3］万春锋，代新雷．脉冲电弧焊技术的研究进展［J］．电焊机，2015，45（2）：86～88.
［4］邸新杰，彭云．电弧焊与填充金属委员会（IIW-C-Ⅱ）研究进展——第70届国际焊接学会年会电弧焊与填充金属研究组报告评述［J］．焊接，2018，537（3）：7～20，71.
［5］彭惠民．电弧焊技术的新进展［J］．现代机械，1991（3）：27～31.
［6］李兵．浅析高效焊接技术研究现状和进展［J］．山东工业技术，2014（21）：14.
［7］苏晓鹰，丁培璠．国外焊接技术最新进展情况（三）［J］．金属加工：热加工，2004（4）：62～63.
［8］马晓丽，华学明，吴毅雄．高效焊接技术研究现状及进展［J］．焊接，2007（7）：27～31.
［9］阙福恒，王振民．等离子－MIG焊的研究进展［J］．电焊机，2013，43（3）：28～32.
［10］闫思博，宋永伦，张军，等．高频脉冲弧焊技术研究进展［J］．焊接，2011（8）：10～16.
［11］朱胜，曹勇，石海滨，等．制备工艺对弧焊成形件性能影响研究进展［J］．装甲兵工程学院学报，2010，24（3）：66～71.
［12］尹士科，王勇，喻萍．电弧焊的熔滴过渡现象综述［J］．焊接技术，2011，40（12）：1～5.
［13］朱六妹，肖孝菊，王伟，等．CO_2焊熔滴过渡特征的分析和研究［J］．电焊机，2000，30（1）：18～21.
［14］罗非，贾传宝，薛良昌，等．穿孔等离子弧焊接工艺综述［J］．山东科学，2011，24（1）：16～21.
［15］殷树言．高效弧焊技术的研究进展［J］．焊接，2006，2006（10）：7～14.
［16］周慧琳，于汇泳．焊接导论［M］．北京：机械工业出版社，2013.
［17］韩国明．焊接工艺理论与技术［M］．北京：机械工业出版社，2007.

练习与思考题

2-1 选择题

2-1-1 焊接过程中热影响区中不包括下列哪一区域？（　　）

A. 过热区　　B. 熔合区　　C. 正火区　　D. 部分相变区

2-1-2　电弧是一种(　　)放电现象。

A. 气体　B. 等离子体　C. 电子流　D. 带电粒子

2-1-3　两电极之间要产生气体放电必须具备两个条件，一是必须有带电粒子，二是在两极之间必须有一定强度的(　　)。

A. 电场　B. 磁场　C. 电压　D. 电流

2-1-4　焊条与焊件之间是有(　　)的，当它们相互接触时，相当于电弧焊电源短接。

A. 电压　B. 电流　C. 电场　D. 磁场

2-1-5　焊接电弧是一个将电能转换成热能、(　　)、机械能的过程，其能量特性在弧柱区、阴极区和阳极区三个特征区是不同的。

A. 势能　B. 动能　C. 光能　D. 化学能

2-1-6　脉动送丝速度以(　　)规律变化，以此决定了熔滴的形状和过渡的速度。

A. 正弦　B. 余弦　C. 正切　D. 余切

2-1-7　电弧焊时，被熔化的金属、(　　)、气体三者之间进行着一系列物理化学反应，如金属的氧化与还原、气体的溶解与析出、杂质的去除等。

A. 焊丝　B. 焊剂　C. 熔渣　D. 焊条

2-1-8　(　　)的含量较高会使焊缝金属强度提高，塑性和韧性降低，是焊缝中产生气孔的主要元素之一。

A. N　B. C　C. S　D. H

2-1-9　下列选项中不属于焊接接头组织的是(　　)。

A. 焊缝　B. 熔合区　C. 热影响区　D. 母材

2-1-10　电流波形控制法是通过控制输出电流(　　)，在短路过渡时，使金属液桥在低的电流上升速度和低的短路峰值电流下爆断，以便控制熔滴过渡，减少飞溅，改善焊缝成型。

A. 波形　B. 频率　C. 大小　D. 脉冲

2-2　简答题

2-2-1　电弧焊时的焊接电弧与一般电弧有什么不同？请简单叙述。

2-2-2　简单介绍一下电弧力中电磁收缩力的产生及其作用。

2-2-3　焊接过程中存在一个微型的冶金过程，简单叙述该过程，并且列举该过程的特点及其影响因素。

2-2-4　焊接后的焊缝区中热影响区分为几个区，每个区域的特点是什么？

2-2-5　焊接中的熔渣按成分分为哪几种，其作用分别是什么？

2-3　综合分析题

2-3-1　焊接过程中氢来源于何处，氢对焊缝的影响有哪些，应该如何避免？

2-3-2　接头组织分为焊缝、熔合区、热影响区，三者有什么区别？

3 焊接材料

3.1 焊　　条

焊条（covered electrode）是气焊或电焊时熔化填充在焊接工件的接合处的金属条，即在金属丝的外表层均匀地涂覆一定厚度的具有特殊作用涂料的焊接材料。电焊条是一种消耗量大、品种繁多的工业产品，广泛用于机械制造、造船、建筑、石化、桥梁、锅炉及电力等工业领域。近年来，随着新材料的发展，电焊条品种也在不断推陈出新。

图 3-1 为焊条的基本结构，1 和 4 为焊条的两端，1 表示夹持端，为一段裸焊芯，约占焊条总长的 1/16，便于焊钳夹持并有利于导电。4 为引弧端，与焊件直接接触，末端呈 45°倒角，主要是便于引弧；2 和 3 分别表示药皮和焊芯，是焊条的基本组成。此外，药皮表面标注了焊条的型号，如图 3-2 所示。

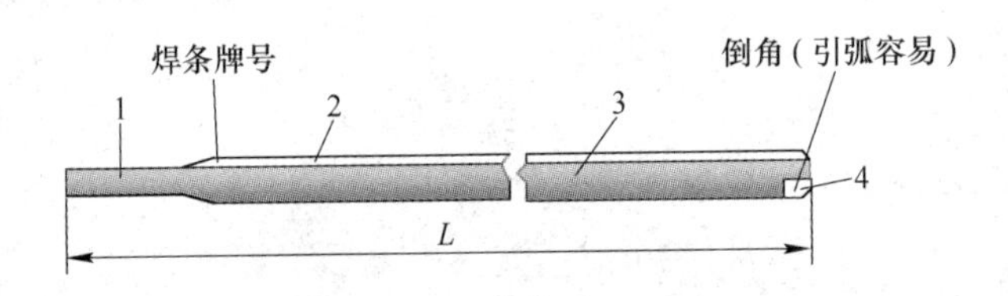

图 3-1　焊条的结构

1—夹持端；2—药皮；3—焊芯；4—引弧端

图 3-2　焊条实例

焊条的直径实际上是指焊芯直径，通常为 2mm、2.5mm、3.2mm 或 3mm、4mm、5mm 或 6mm 等几种规格，最常用的是小 3.2、小 4、小 5 三种，其长度“L”一般在 200 ~ 550mm 之间。药皮在焊接过程中分解熔化后形成气体和熔渣，起到机械保护、冶金处理、改善工艺性能的作用。认识焊条必须理解焊芯和药皮的组成和作用。

根据焊条药皮与焊芯的质量比即药皮质量系数 K_b，可以将焊条分为厚皮焊条（K_b =

30%～50%）和薄皮焊条（K_b=1%～2%）两大类，而目前工业上广泛使用的为厚皮焊条。

3.1.1 焊芯

焊条中被药皮包覆的金属芯称为焊芯。焊芯一般是一根具有一定长度及直径的钢丝。如果用于埋弧自动焊、电渣焊、气体保护焊、气焊等熔焊方法作填充金属时，称为焊丝。焊条焊接时，焊芯金属占整个焊缝金属的一部分。所以焊芯的化学成分，直接影响焊缝的质量。焊芯有两个作用：一是传导焊接电流，产生电弧把电能转换成热能；二是焊芯本身熔化作为填充金属与液体母材金属熔合形成焊缝。

焊接碳钢及低合金钢的焊芯，一般都选用低碳钢作为焊芯，并添加锰、硅、铬、镍等成分。采用低碳的原因：一方面是含碳量低时钢丝塑性好，焊丝拉拔比较容易；另一方面可降低还原性气体 CO 含量，减少飞溅或气孔，并可增高焊缝金属凝固时的温度，对仰焊有利。加入其他合金元素主要为保证焊缝的综合力学性能，同时对焊接工艺性能及去除杂质，也有一定作用。高合金钢以及铝、铜、铸铁等其他金属材料，其焊芯成分除要求与被焊金属相近外，同样也要控制杂质的含量，并按工艺要求常加入某些特定的合金元素。

焊芯化学成分及其对焊接的影响如下：

（1）碳（C）。碳是钢中的主要合金元素，当含碳量增加时，钢的强度、硬度明显提高，而塑性降低。在焊接过程中，碳起到一定的脱氧作用，在电弧高温作用下与氧发生化合作用，生成一氧化碳和二氧化碳气体，将电弧区和熔池周围空气排除，防止空气中的氧、氮有害气体对熔池产生的不良影响，减少焊缝金属中氧和氮的含量。若含碳量过高，还原作用剧烈，会引起较大的飞溅和气孔。考虑到碳对钢的淬硬性及其对裂纹敏感性增加的影响，低碳钢焊芯的含碳量一般为0.1%。

（2）锰（Mn）。锰在钢中是一种较好的合金剂，随着锰含量的增加，其强度和韧性会有所提高。在焊接过程中，锰也是一种较好的脱氧剂，能减少焊缝中氧的含量。锰与硫化合形成硫化锰浮于熔渣中，从而减少焊缝热裂纹倾向。因此一般碳素结构钢焊芯的含锰量为0.30%～0.55%，焊接某些特殊用途的钢丝，其含锰量高达1.70%～2.10%。

（3）硅（Si）。硅也是一种较好的合金剂，在钢中加入适量的硅能提高钢的屈服强度、弹性及抗酸性能；若含量过高，则降低塑性和韧性。在焊接过程中，硅也具有较好的脱氧能力，与氧形成二氧化硅，但它会提高渣的黏度，易促进非金属夹杂物生成。因此，硅含量应控制在0.7%以下。

（4）铬（Cr）。铬能够提高钢的硬度、耐磨性和耐腐蚀性。对于低碳钢来说，铬便是一种偶然的杂质。铬的主要冶金特征是易于急剧氧化，形成难熔的氧化物三氧化二铬（Cr_2O_3），从而增加了焊缝金属夹杂物的可能性。三氧化二铬过渡到熔渣后，能使熔渣黏度提高，流动性降低，其含量控制在国家标准所规定的范围以内，对焊接冶金不会有重大影响。

（5）镍（Ni）。镍对钢的韧性有比较显著的效果，一般低温冲击值要求较高时，适当掺入一些镍，其含量和铬的使用原则一致。

（6）硫（S）、磷（P）。磷是一种有害杂质，随着硫、磷含量的增加，将增大焊缝的裂纹倾向，因此，硫、磷要严格控制。通常焊芯中硫的含量不得大于0.04%，在焊接重要结构时，硫含量不得大于0.03%，磷应控制在0.03%以下。

焊芯是根据国家标准《焊接用钢丝》(GB 1300—77) 的规定分类的，用于焊接的专用钢丝可分为碳素结构钢、合金结构钢、不锈钢三类。焊芯的牌号用“焊”表示，代号为“H”，后面的数字表示含碳量，其他合金元素的表示方法与钢号大致相同。质量不同的焊芯在最后标以一定符号以示区别：A 表示高级优质钢，其 S、P 的质量分数不超过0.03%；E 表示特级优质钢，其 S、P 的质量分数不超过0.025%。目前最常用的焊芯代号是 H08A。

焊条的长度和直径是有规定的，结构钢用焊条的焊芯直径有1.6mm、2.0mm、2.5mm、3.2mm、4.0mm、5.0mm、6.0mm、8.0mm 等几种，不锈钢用焊条的焊芯直径有1.6mm、2.0mm、2.5mm、3.2mm、4.0mm、5.0mm、6.0mm 等几种。通常，焊芯直径越粗，焊芯长度越长。这是因为电流通过焊芯产生的电阻热与焊芯直径成反比，即焊芯直径越粗，电阻热越小，因此可以适当增加焊芯的长度，因为焊芯的长度主要受电阻热的约束。同一直径的焊芯，不锈钢焊芯长度比结构钢焊芯来得短，这是因为不锈钢的电阻率约为结构钢的5倍，如通过相同的电流，则不锈钢焊芯上产生的电阻热比结构钢焊芯大得多，所以只能限制不锈钢焊芯的长度。

3.1.2 药皮

3.1.2.1 药皮的作用

焊条的药皮在焊接过程中起着极为重要的作用。若采用无药皮的光焊条焊接，则在焊接过程中，空气中的氧和氮会大量侵入熔化金属，将金属铁和有益元素碳、硅、锰等氧化和氮化形成各种氧化物和氮化物，并残留在焊缝中，造成焊缝夹渣或裂纹。而融入熔池中的气体可能使焊缝产生大量气孔，这些因素都能使焊缝的力学性能（强度、冲击值等）大大降低，同时使焊缝变脆。此外，采用光焊条焊接，电弧不稳定，飞溅严重，焊缝成型很差。此时，焊条药皮对焊缝性质起到决定性的作用，其在焊接过程中的作用如下所示：

(1) 提高电弧燃烧的稳定性。无药皮的光焊条不容易引燃电弧，即使引燃了也不能稳定地燃烧。在焊条药皮中，一般含有钾、钠、钙等电离电位低的物质，可以提高电弧的稳定性，保证焊接过程持续进行。

(2) 保护焊接熔池。焊接过程中，空气中的氧、氮及水蒸气浸入焊缝，会给焊缝带来不利的影响。不仅形成气孔，而且还会降低焊缝的力学性能，甚至导致裂纹。而焊条药皮熔化后，产生的大量气体笼罩着电弧和熔池，会减少熔化的金属和空气的相互作用。焊缝冷却时，熔化后的药皮形成一层熔渣，覆盖在焊缝表面，保护焊缝金属并使之缓慢冷却，减少产生气孔的可能性。

(3) 保证焊缝脱氧、去硫磷杂质。焊接过程中虽然进行了保护，但仍难免有少量氧进入熔池，使金属及合金元素氧化，烧损合金元素，降低焊缝质量。因此，需要在焊条药皮中加入还原剂（如锰、硅、钛、铝等），使已进入熔池的氧化物还原。

(4) 为焊缝补充合金元素。由于电弧的高温作用，焊缝金属的合金元素会被蒸发烧损，使焊缝的力学性能降低。因此，必须通过药皮向焊缝加入适当的合金元素，以弥补合金元素的烧损，保证或提高焊缝的力学性能。对有些合金钢的焊接，也需要通过药皮向焊缝渗入合金，使焊缝金属能与母材金属成分相接近，力学性能赶上甚至超过基本金属。

(5) 提高焊接生产率，减少飞溅。焊条药皮具有使熔滴增加而减少飞溅的作用。焊条药皮的熔点稍低于焊芯的焊点，但因焊芯处于电弧的中心区，温度较高，所以焊芯先熔化，药皮稍迟一点熔化。这样，在焊条端头形成一短段药皮套管，加上电弧吹力的作用，使熔滴径直射到熔池上，使之有利于仰焊和立焊。另外，在焊芯涂了药皮后，电弧热量更集中。同时，由于减少了由飞溅引起的金属损失，提高了熔敷系数，也就提高了焊接生产率。另外，焊接过程中发尘量也会减少。

3.1.2.2　药皮的组成

焊接过程中，药皮具有以上作用，与药皮的原材料密不可分。一般药皮都是由多种原材料组成的，按其来源主要分为四大类：

(1) 矿物类，包括各种矿物、矿砂等，如钛铁矿、赤铁矿、金红石、大理石等。

(2) 金属基铁合金类，如金属铬、镍，锰铁、硅铁、钛铁等。

(3) 化工产品类，如钛白粉、纯碱、碳酸钾等。

(4) 有机物类，如淀粉、木粉、纤维素、酚醛树脂等。

总的来说，制造焊条药皮的原材料近百种，常用的有30多种，根据原材料的用途，原材料又分为以下7大类：

(1) 稳弧剂。稳弧剂主要作用是改善焊条的引弧性能和保持电弧的稳定燃烧。而该种原材料稳弧的原因主要是其含有一定数量低电离电位或易电离元素的物质，如碳酸钾、大理石、水玻璃、长石、金红石、钛白粉、云母等。

(2) 造渣剂。造渣剂在焊接时主要形成具有一定物理化学性能的熔渣，保护焊接熔滴和熔池金属，改善焊缝成型。能够形成造渣剂的原材料有金红石、大理石、石英砂、长石、云母、萤石等。

(3) 脱氧剂。脱氧剂又称还原剂，在焊接过程中通过化学冶金反应，起到脱氧的作用，从而提高焊缝金属的性能。通常，脱氧剂中含有对氧的亲和力较大的元素，如锰铁、硅铁、钛铁、铝铁等。

(4) 造气剂。造气剂在高温作用下分解出气体，形成保护气氛，保护电弧和熔池金属，防止周围空气中氧、氮的侵入。能形成造气剂的原材料包括碳酸盐（如大理石、白云石、碳酸钡等）和有机物（如木粉、淀粉、纤维素、树脂等）。

(5) 合金剂。顾名思义，合金剂的主要作用就是补充焊接过程中合金元素的烧损及向焊缝中过渡合金元素，以保证焊缝金属的化学成分和性能。其主要包括纯金属（如金属锰、铬、镍等）和合金（锰铁、硅铁、铬铁、钼铁、钒铁、稀土硅铁等）。

(6) 增塑剂。增塑剂的主要作用是改善药皮在焊条压涂过程中的塑性、弹性及流动性，便于成型，提高焊条质量。增塑剂选用具有一定弹性、滑性或吸水后有一定膨胀特性的材料，如白泥、云母、钛白粉、滑石粉、固体水玻璃等。

(7) 黏结剂。黏结剂的目的使药皮物料牢固地黏结在焊芯上，并使焊条烘干后具有一定强度，且要求焊接过程中不对熔池和焊缝金属产生有害作用。常用的黏结剂有水玻璃（钾、钠及其混合水玻璃）、酚醛树脂、树胶等。

为了便于读者分辨和理解药皮原材料的类型及其作用，本章节将一部分原材料列于表3-1中。

表3-1 药皮材料作用

名称	主要成分	稳弧	造渣	脱氧	造气	渗合金	增塑	黏结
大理石	$CaCO_3 \geqslant 95\%$	A	B					
萤石	$CaF_2 \geqslant 90\%$		A					
金红石	TiO_2 92% ~97%	A	A					
钛铁矿	TiO_2，FeO	A	A				B	
长石	SiO_2，Al_2O_3，K_2O+Na_2O	A	A					
云母	SiO_2，Al_2O_3，K_2O		A					
锰铁(Fe-Mn)	Mn≥75%	B	A			A		
硅铁(Fe-Si)	Si≥45%	B	A			A		
铬	Cr		A			A		
镍	Ni					A		
木粉、淀粉、纤维素	$(C_6H_{10}O_5)n$			B				
钾水玻璃	$K_2O \cdot nSiO_2$	A	B					A
钠水玻璃	$Na_2O \cdot nSiO_2$	A	B					A

注：A：主要作用；B：次要作用。

3.1.2.3 药皮的组成特点

药皮原材料种类众多，其主要作用包括稳弧、造渣、造气、增塑等。不同的焊条，药皮材料也将不同，根据焊条药皮组成不同，分为以下11种。

(1) 氧化钛型：氧化钛≥35%；焊接电源：直流或交流。

(2) 氧化钛钙型：氧化钛30%以上，碳酸盐20%以下；焊接电源：直流或交流。

(3) 钛铁矿型：钛铁矿≥30%；焊接电源：直流或交流。

(4) 氧化铁型：由大量氧化铁及较多的锰铁脱氧剂组成；焊接电源：直流或交流。

(5) 高纤维素钠型：有机物15%以上，氧化钛30%左右；焊接电源：直流。

(6) 高纤维素钾型：有机物15%以上，氧化钛30%左右；焊接电源：直流或交流。

(7) 低氢钠型：由钙、镁的碳酸盐和萤石组成；焊接电源：直流。

(8) 低氢钾型：由钙、镁的碳酸盐和萤石组成；焊接电源：直流或交流。

(9) 铁粉低氢型：由钙、镁的碳酸盐、萤石和铁粉组成；焊接电源：直流或交流。

(10) 石墨型：大量石墨；焊接电源：直流或交流。

(11) 盐基型：由氯化物和氟化物组成；焊接电源：直流。

3.1.3 焊条的工艺性能

焊条的工艺性能是指焊条在焊接操作中的性能。它是衡量焊条质量的重要指标之一，其中焊条药皮决定了焊条的工艺性能。焊条的工艺性能如下。

3.1.3.1 焊接电弧的稳定性

电弧稳定性直接影响着焊接过程的连续性及焊接质量。焊条药皮类型及组成物等许多因素都影响着电弧的稳定性，当焊条药皮中加入电离电位低的物质，可以降低电弧气氛的电离电位，从而提高电弧稳定性。由于造渣及压涂工艺的需要，一般在焊条药皮中都含有云母、长石、钛白粉或金红石等成分，焊条电弧稳定性都比较好。然而，低氢焊条由于药皮中萤石的反电离作用，在用交流电源焊接时电弧不能稳定燃烧，只有采用直流电源才能维持电弧连续稳定地燃烧。可以在低氮型焊条药皮中加入稳弧剂（例如碳酸钾等），也可以在采用交流电深焊接时保持电弧的稳定性。

3.1.3.2 焊缝成型

良好的焊缝成型要求表面光滑,波纹细密美观,焊缝的几何形状及尺寸正确。影响焊缝成型的因素除操作原因以外,主要是熔渣凝固温度、高温熔渣的黏度、表面张力以及密度等。

熔渣凝固温度是指由焊条药皮熔化所形成的液态熔渣转变为固态时的温度。如果熔渣的凝固温度过高，就会产生压铁水的现象，严重影响焊缝成型，甚至产生气孔。凝固温度过低，致使熔渣不能均匀地覆盖在焊缝表面，也会造成表面成型很差。

高温时熔渣的黏度过大，将使焊接冶金反应缓慢，焊缝表面成型不良，并易产生气孔、夹杂等缺陷。如果熔渣黏度过小，将会造成熔渣对焊缝覆盖不均匀，失去应有的保护作用。因此，焊接时要求熔渣的黏度必须合适，一般在 1500℃时熔渣黏度以 0.1 ~ 0.2Pa · s 为宜。熔渣的黏度与熔渣的化学成分有关。当温度一定时，随着熔渣组成物比例的变化，熔渣黏度也相应地变化。当熔池结晶时，表面张力急剧增加使焊缝具有良好的成型。

3.1.3.3 各种位置焊接的适应性

工艺性能良好的焊条能适应空间全位置焊接。不同类型的焊条在各种位置上焊接的适应性是不同的。几乎所有的焊条都能进行平焊，而横焊、立焊、仰焊就不是所有焊条都能胜任的。通常进行横焊、立焊、仰焊时的主要困难有：在重力的作用下熔滴不易向熔池过渡；熔池金属和熔渣向下流以致不能形成正常的焊缝。因此，应适当增加电弧和气流的吹力，以便把熔滴送向熔池并阻止金属和熔渣下流。调节熔渣的熔点、黏度及表面张力也是解决焊条全位置焊接的技术措施。

3.1.3.4 飞溅

飞溅不仅弄脏焊缝及其附近的部位，增加清理工作量，而且过多的飞溅还会破坏正常的焊接过程，降低焊条的熔敷效率。熔渣的黏度较大或焊条含水量过多、焊条偏心率过大等均会造成较大飞溅。增大焊接电流及电弧长度，飞溅也随之增加。此外，电源类型、熔滴过渡形态对飞溅也有一定的影响。一般钛钙型焊条电弧燃烧稳定，熔滴为细颗粒过渡，飞溅较小。低氮型焊条的电弧稳定性较差，熔滴多为大颗粒短路过渡，所以飞溅较大。

3.1.3.5 脱渣性

脱渣性是指焊后从焊缝表面清除渣壳的难易程度。脱渣性差的焊条不仅造成清渣的困难，降低焊接生产率，而且在多层焊施工时，还往往会产生夹渣的缺陷。影响脱渣性的因素主要有：

（1）熔渣的线膨胀系数。熔渣与焊缝金属的线膨胀系数相差越大，冷却时熔渣越容易与焊缝金属脱离。不同类型焊条的熔渣具有不同的线膨胀系数，由于钛型焊条 E4313（J421）熔渣与低碳钢的线膨胀系数相差最大，所以它的脱渣性最好。低氢型焊条 E4315

（J427）熔渣与低碳钢的线膨胀系数相差较小，因此它的脱渣性较差。

（2）熔渣的氧化性。在焊缝金属冷却结晶的开始阶段，尚未凝固的液体熔渣与处于高温状态的焊缝金属间，仍会发生一定的冶金反应。如果熔渣的氧化性很强，就会使焊缝表面氧化，生成一层氧化膜，其主要成分是氧化铁，它的晶格结构是体心立方晶格。FeO晶格搭建在焊缝金属的α-Fe体心立方晶格上，因此，这层氧化膜牢固地粘在焊缝金属表面上，导致脱渣困难。

（3）熔渣的松脆性。熔渣越松脆就越容易清除，在平板表面堆焊时，一般脱渣都比较容易。然而，在角焊缝和深坡口底层焊接时，由于熔渣夹在钢板之间而使脱渣造成困难。这时熔渣的松脆性就显示出较大的影响。钛型焊条熔渣的结构比较密实坚硬，在坡口中的脱渣性较差；低氢型焊条的脱渣性最不理想。

3.1.3.6 焊条熔化速度

焊条熔化速度反映着焊接生产率的高低，它可以用焊条的熔化系数 α_p 来表示。考虑到飞溅造成的损失，真正反映焊接生产率的指标是焊条的熔敷系数 α_H 即单位时间内单位电流所能熔敷在焊件上的金属重量。

药皮成分由经下述方面对焊条熔化系数产生影响：药皮成分影响电弧电压，电弧气氛的电离电位越低，电弧电压就越低，电弧的热量也就越少，因此焊条的熔化系数就越小。药皮成分影响熔滴过渡形态，调整药皮成分可以使熔滴由短路过渡变为颗粒过渡，从而提高了焊条的熔化系数；当药皮中含有放热反应的物质时，由于化学反应热加速焊条熔化，也提高了焊条的熔化系数。此外，药皮中加入铁粉，可以提高焊条的熔化系数。

3.1.3.7 焊条药皮发红

焊条药皮发红，是指焊条在使用到后半段时由于药皮温升过高而发红、开裂或药皮脱落的现象。显然，这时药皮就失去保护作用及冶金作用。药皮发红引起焊接工艺性能恶化，严重影响焊接质量，同时也造成了材料的浪费，尤其是不锈钢焊条。不锈钢焊条药皮发红的原因是不锈钢焊芯的电阻大，焊条的熔化系数小造成了焊条熔化所需的时间长，并且产生的电阻热量多，使得焊条的温升高而导致药皮发红。解决药皮发红的技术关键就是调整焊条药皮配方，改善熔滴过渡形态，提高焊条的熔化系数，减少电阻热以降低焊条的表面温升。当前，解决不锈钢焊条药皮发红问题是焊条研制中的重要课题。

3.1.3.8 焊接烟尘

在焊接电弧的高温作用下，焊条端部的液态金属和熔渣激烈蒸发。同时，在熔滴和熔池的表面上也发生蒸发。由于蒸发而产生的高温蒸气从电弧区被吹出后迅速被氧化和冷凝，变为细小的固态粒子。这些微小的颗粒分散飘浮于空气中，弥散于电弧周围，就形成了焊接烟尘。低碳钢和低合金钢焊条一般均采用低碳钢焊芯，因此焊接烟尘主要取决于药皮成分。低氢型焊条的发尘速度和发尘量均高于其他类型的焊条。由于烟尘中常含有各种致毒物质，因而污染工作环境，危害焊工健康。

3.1.4 焊条的分类

电焊条的分类方法很多，可分别按用途、熔渣碱度、焊条药皮、焊条性能特征等进行分类。

3.1.4.1 按焊条的用途分类

焊条按用途进行划分，即根据用于焊接什么材料进行分类。焊条型号按国家标准分为8大类，焊条牌号按用途分为10类，如表3-2所示。

表3-2 电焊条的大类划分

焊条型号				焊条牌号		
序号	焊条分类	代号	国家标准	序号	焊条分类（按用途分）	代号
1 2	非合金钢及细晶粒钢焊条 热强钢焊条	E E	GB/T 5117—2012 GB/T 5118—2012	1 2 3	结构钢焊条 钼及铬钼耐热钢焊条 低温钢焊条	J R W
3	不锈钢焊条	E	GB/T 893—2012	4	不锈钢焊条 铬不锈钢焊条 铬镍不锈钢焊条	 G A
4 5 6 7 8	堆焊焊条 铸铁焊条及焊丝 镍及镍合金焊条 铜及铜合金焊条 铝及铝合金焊条	ED EZ ENi TCu TAl	GB/T 894—2001 GB/T 10044—2006 GB/T 13814—2008 GB/T 3760—1995 GB/T 3669—2001	5 6 7 8 9 10	堆焊焊条 铸铁焊条及焊丝 镍及镍合金焊条 铜及铜合金焊条 铝及铝合金焊条 特殊用途焊条	D Z Ni T L TS

3.1.4.2 按熔渣碱度分类

按熔渣碱度分主要是根据焊接熔渣碱度，即熔渣中碱性氧化物和酸性氧化物的比例进行分类。

（1）酸性焊条。药皮中含有大量的TiO_2、SiO_2等酸性造渣物和一定数量的碳酸盐，熔渣碱度系数小于1。这类焊条的工艺性能好，其焊缝外表成型美观、波纹细密，电弧稳定，可交、直流两用，飞溅小，熔渣流动性和脱渣性好。典型的酸性焊条为E4303（J422），但该焊条氧化性强，合金元素烧损严重，合金过渡系数小，熔敷金属的含氢量也较高，因而焊缝金属的塑性和韧性较低。

（2）碱性焊条。药皮中含有大量碱性造渣物，如大理石、萤石等，且含有一定量的脱氧剂和渗合金剂。由于焊条药皮中含有较多的大理石、萤石等成分，它们在焊接冶金反应中生成CO_2和HF，降低了焊缝中的含氮量。所以，碱性焊条又称为低氢焊条。典型的碱性焊条为E5015（J507）。

碱性渣中CaO数量多，熔渣脱硫的能力强，熔敷金属抗裂能力较强。而且碱性焊条由于焊缝金属中氧和氢含量低，非金属夹渣较少，具有较高的塑性和韧性。但碱性焊条中含有较多的萤石，电弧稳定性较差，一般采用直流反接，只有当药皮中含有较多的稳弧剂时，才能交、直两用。

3.1.4.3 按焊条药皮的类型分类

按照相应的药皮主要成分，焊条可分为氧化钛型焊条、钛钙型焊条、钛铁矿型焊条、氧化铁型焊条、纤维素型焊条和低氢型焊条等。

3.1.4.4 按焊条性能分类

根据焊条特殊使用性能而制造的专用焊条，可分为超低氢焊条、低尘低毒焊条、立向下焊条、躺焊焊条、打底层焊条、高效铁粉焊条、防潮焊条、水下焊条、重力焊条等。

3.1.5 焊条型号和牌号

焊条的型号是国家标准规定的，其含义包括药皮类型、合金类型、强度、适用焊接电源等，分类很细。焊条牌号是生产企业制定的相对比较通用的叫法。简而言之，焊条型号指的是国家标准规定的各类标准焊条，焊条牌号是有关工业部门或生产厂家实际生产的焊条产品。

型号和牌号的差别在于：牌号中没有区别焊接位置的编号。

3.1.5.1 焊条型号

前面已经提到焊条型号是以焊条国家标准为依据，体现焊条主要特性的一种表示方法。焊条型号包括焊条类别、焊条特点（焊芯金属类型、使用温度、熔敷金属化学组成或抗拉强度等）、药皮类型及焊接电源等。不同类型焊条的型号表示方法也存在差异，这里主要列举非合金钢及细晶粒钢焊条、不锈钢焊条和堆焊焊条三种焊条型号：

（1）非合金钢及细晶粒钢焊条。根据《非合金钢及细晶粒钢焊条》(GB/T 5117—2012）及原《碳钢焊条》(GB/T 5117—85）规定，非合金钢及细晶粒钢焊条型号根据熔敷金属的力学性能、药皮类型、焊接位置、焊接电流种类编制。非合金钢及细晶粒钢焊条型号编制方法为：

第一部分首字母表示焊条；

第二部分为E后面紧邻的两位数字，表示熔敷金属抗拉强度的最小值；

第三部分为E后面的第三和第四两位数字，表示药皮类型、焊接位置和电流类型；

第四部分为熔敷金属的化学成分分类代号，可为“无标记”或短线“-”后的字母、数字或字母和数字的组合；

第五部分为熔敷金属的化学成分代号之后的焊后状态代号，其中“无标记”为焊态，“P”为热处理态，“AP”表示焊态和热处理态均可；

此外，根据需要，可在型号后附加代号：字母“U”表示规定试验温度下，冲击吸收能量可达到47J以上。还有扩散氢代号“H×”，“×”代表15、10或5，分别表示每100g熔敷金属中扩散氢含量的最大值。

以下为非合金钢及细晶粒钢焊条型号举例，相关符号通过查询相关工具书或资料获得。

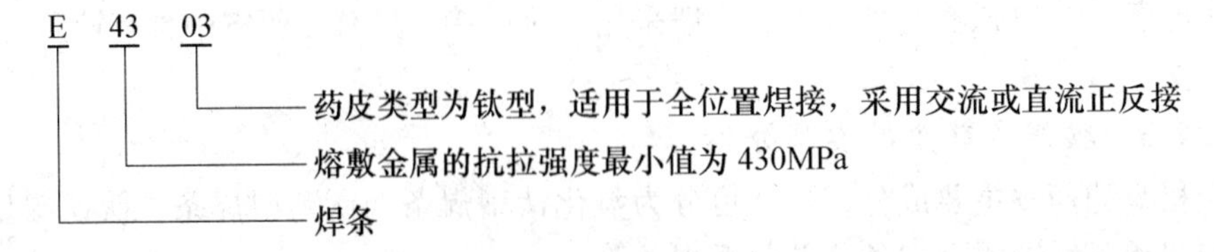

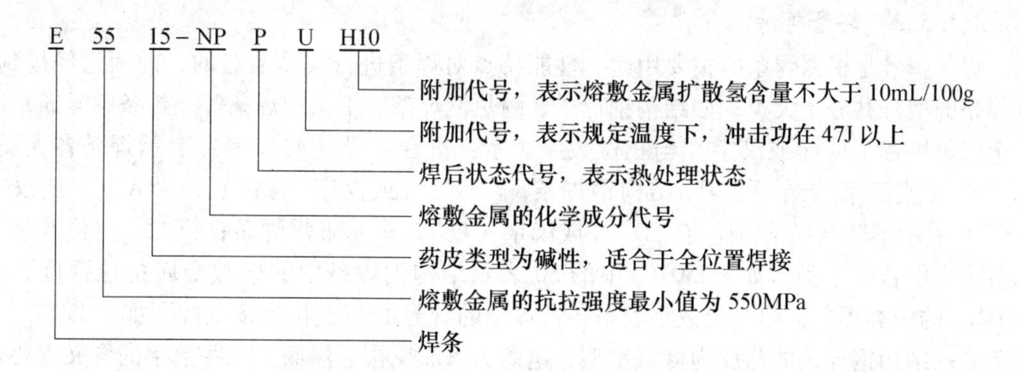

(2) 不锈钢焊条。根据《不锈钢焊条》(GB/T 983—2012) 规定，不锈钢焊条型号根据熔敷金属的化学成分、焊接位置和药皮类型划分。首字母“E”表示焊条，字母“E”后面的数字表示熔敷金属的化学成分分类，数字后面的“L”表示碳含量较低，“H”表示碳含量较高。此外，不锈钢焊条型号短线“－”后面的数字表示焊接位置。

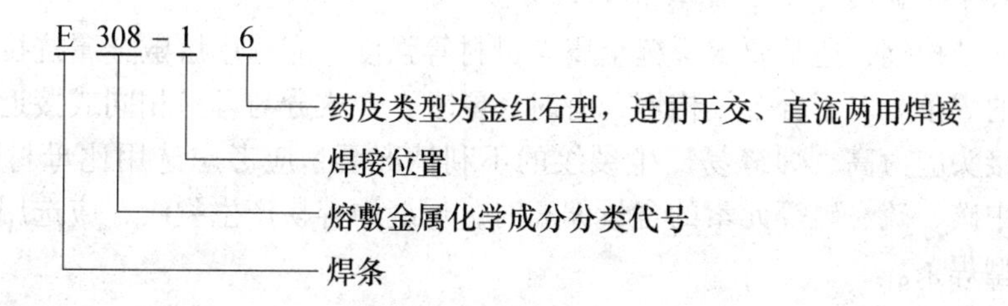

(3) 堆焊焊条。根据《堆焊焊条》(GB/T 984—2001) 规定，堆焊焊条型号与以上两种焊条相比有相似之处，其根据熔敷金属的化学成分、药皮类型和焊接电流种类划分：首字母“E”表示焊条，第二字母“D”表示表面耐磨堆焊焊条；其后用两位字母、元素符号表示熔敷金属的化学成分代号。此外，还可附加一些主要成分的元素符号，在基本符号内可用数字、字母进行细分类，细分类代号用短线“－”与前面符号分开；堆焊焊条型号最后两位数字表示焊条药皮类型及焊接电流种类，用短线“－”与前面符号分开。当药皮类型和焊接电流种类不要求限定时，焊条型号可简写。相关代号查询相关工具书。

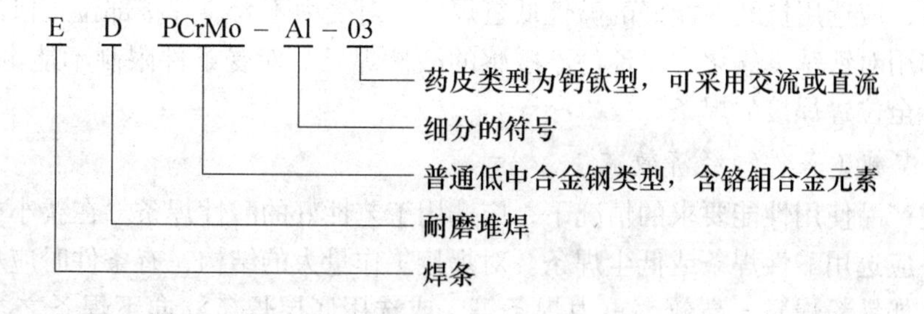

综上所述，每一种焊条的型号都根据对应的国标来定的，每个字母和数字都表示实际意义，要正确、合理选择焊条，要求读者熟悉和理解焊条的型号和对应符号的意义。因篇幅问题本书只列举三种焊条型号，还有五种焊条未列出，如有需要请查询关于焊接材料的工具书。

3.1.5.2 焊条牌号

焊条牌号是根据焊条的主要用途、性能特点对焊条进行具体命名的，前面已经提到，电焊条的型号共分十大类，如结构钢焊条、耐热钢焊条、不锈钢焊条等。焊条牌号通常以一个汉语拼音字母（或汉字）与三位数字表示：拼音字母（或汉字）表示焊条各大类，如“J”（或汉字“结”）表示结构钢焊条，“G”（或汉字“铬”）或“A”（或汉字“奥”）表示不锈钢焊条，还有“D”（或汉字“堆”）表示堆焊焊条；第二、三位数字表示各大类中若干小类，如“J507”中的50表示结构钢焊条中的熔敷金属抗拉强度大于490MPa的一类焊条；第三位数字表示各种焊条的牌号的药皮和焊接电源，如“J507”中的7表示结构钢焊条的药皮为低氢钠型，电源为直流反接。然而，一些数字的含义需要查询《焊接材料选用》等相关书籍才能理解。

3.1.6 焊条的选用原则

3.1.6.1 同种材料焊接时焊条选用要点

A 考虑焊缝金属力学性能和化学成分

对于普通结构钢，通常要求焊缝金属与母材等强度，应选用熔敷金属抗拉强度等于或稍高于母材的焊条。对于合金结构钢，有时还要求合金成分与母材相同或接近。在焊接结构刚性大、接头应力高、焊缝易产生裂纹的不利情况下，应考虑选用比母材强度低的焊条。当母材中碳、硫、磷等元素的含量偏高时，焊缝中容易产生裂纹，应选用抗裂性能好的碱性低氢型焊条。

B 考虑焊接构件使用性能和工作条件

对承受载荷和冲击载荷的焊件，除满足强度要求外，主要应保证焊缝金属具有较高的冲击韧性和塑性，可选用塑、韧性指标较高的低氢型焊条。接触腐蚀介质的焊件，应根据介质的性质及腐蚀特征选用不锈钢类焊条或其他耐腐蚀焊条。在高温、低温、耐磨或其他特殊条件下工作的焊接件，应选用相应的耐热钢、低温钢、堆焊或其他特殊用途焊条。

C 考虑焊接结构特点及受力条件

对结构形状复杂、刚性大的厚大焊接件，由于焊接过程中产生很大的内应力，易使焊缝产生裂纹，应选用抗裂性能好的碱性低氢焊条。对受力不大、焊接部位难以清理干净的焊件，应选用对铁锈、氧化皮、油污不敏感的酸性焊条。对受条件限制不能翻转的焊件，应选用适于全位置焊接的焊条。

D 考虑施工条件和经济效益

在满足产品使用性能要求的情况下，应选用工艺性好的酸性焊条。在狭小或通风条件差的场合，应选用酸性焊条或低尘焊条。对焊接工作量大的结构，有条件时应尽量采用高效率焊条，如铁粉焊条、高效率重力焊条等，或选用底层焊条立向下焊条之类的专用焊条，以提高焊接生产率。

3.1.6.2 异种钢焊接时焊条选用要点

强度级别不同的碳钢+低合金钢（或低合金钢+低合金高强钢）一般要求焊缝金属或接头的强度不低于两种被焊金属的最低强度，选用的焊条熔敷金属的强度应能保证焊缝及接头的强度不低于强度较低侧母材的强度，同时焊缝金属的塑性和冲击韧性应不低于强度较高而塑性较差侧母材的性能。因此，可按两者之中强度级别较低的钢材选用焊条。但是，为了防止焊接裂纹，应按强度级别较高、焊接性较差的钢种确定焊接工艺，包括焊接规范、预热温度及焊后热处理等。

低合金钢 + 奥氏体不锈钢焊接时应按照对熔敷金属化学成分限定的数值来选用焊条，一般选用铬和镍含量较高的、塑性和抗裂性较好的 Cr25-Ni13 型奥氏体钢焊条，以避免因产生脆性淬硬组织而导致的裂纹。但应按焊接性较差的不锈钢确定焊接工艺及规范。

不锈复合钢板焊接时，应考虑对基层、复层、过渡层的焊接要求选用三种不同性能的焊条。对基层（碳钢或低合金钢）的焊接，选用相应强度等级的结构钢焊条；复层直接与腐蚀介质接触，应选用相应成分的奥氏体不锈钢焊条；关键是过渡层（即复层与基层交界面）的焊接，必须考虑基体材料的稀释作用，应选用铬和镍含量较高、塑性和抗裂性好的 Cr25-Ni13 型奥氏体钢焊条。

3.2 焊 丝

焊丝是作为填充金属或同时作为导电用的金属丝焊接材料。在气焊和钨极气体保护电弧焊时，焊丝用作填充金属；在埋弧焊、电渣焊和其他熔化极气体保护电弧焊时，焊丝既是填充金属，同时也是导电电极。焊丝的表面不涂防氧化作用的焊剂。

对于一种焊丝，通常可以用型号及牌号来反映其主要性能特征及类别。焊丝型号是以国家标准（或相应组织制定的标准）为依据，反映焊丝主要特性的一种表示方法。型号包括以下含义：焊丝、焊丝类别、焊丝特点（如熔敷金属抗拉强度、化学成分、保护气体种类、熔敷金属扩散氢含量、熔滴过渡类型等）、焊接位置及焊接电源等，不同类型焊丝的型号表示方法也有所不同。

焊丝牌号是对焊丝产品的具体命名，它可以由生产厂制定，也可由行业组织统一命名、制定全国焊材行业统一牌号，但都必须按照国家标准要求，在产品样本或包装标签上注明该产品是“符合国标”“相当国标”或不加标注（即与国标不符），以便用户结合产品性能要求，对照标准去选用。每种焊丝产品只有一个牌号，但多种牌号的焊丝可以同时对应于一种型号。

3.2.1 焊丝的分类

焊丝的分类方法很多，习惯的分类方法有按不同的制造方法分类，可分为实芯焊丝和药芯焊丝两大类，其中药芯焊丝又可分为气保护和自保护两种。按其适用的焊接工艺方法可分为埋弧焊焊丝、气保焊焊丝、电渣焊焊丝、堆焊焊丝和气焊焊丝等。按其适用的被焊材料性质又可分为碳钢焊丝、低合金钢焊丝、不锈钢焊丝、铸铁焊丝和有色金属焊丝等。

3.2.1.1 实芯焊丝的分类

实芯焊丝是轧制的碳钢及低合金钢线材经拉拔加工而成的，为了防止焊丝生锈，除不锈钢焊丝外，都要进行表面处理。目前主要是镀铜处理，包括电镀、浸铜及化学镀铜等方法。不同的焊接方法应采用不同直径的焊丝。埋弧焊时电流大，要采用粗焊丝，焊丝直径在3.2~6.4mm；气保焊时，为了得到良好的保护效果，要采用细焊丝，直径多为0.8~1.6mm。为了满足不同材料（主要指钢铁材料）焊接要求，焊接工作者开发了大量实芯焊丝品种，常用的实芯焊丝主要有以下几种：

（1）低碳钢用焊丝。焊接低碳钢时多采用低碳焊丝（H08A等），当母材含碳量较高或强度要求较高而对焊缝韧性要求不高时，也可采用含碳量较高的焊丝，如H15A或H15Mn等。

（2）高强度钢用焊丝。根据对焊缝强度级别和韧性的要求，分别采用不同成分的焊丝。590MPa级的焊缝多采用Mn-Mo系焊丝，如H08MnMoA、H08Mn2MoA等；690~780MPa级的焊缝多采用Mn-Cr-Mo系、Mn-Ni-Mo系或Mn-Ni-Cr-Mo系焊丝。当对焊缝韧性要求较高时，往往采用含Ni的焊丝成分系统，如H08CrNiMoA等。

（3）Cr-Mo耐热钢用焊丝。为保证焊缝成分与母材相接近，焊接Cr-Mo钢时多采用Cr-Mo系统的焊丝。如焊接Cr-0.5 Mo、2Cr-1Mo、5Cr-Mo钢时，可分别采用H08CrMoA、H08Cr2MoA和H15Cr5Mo焊丝。

（4）不锈钢用焊丝。采用的焊丝成分要与被焊接的不锈钢成分基本一致。焊接铬不锈钢时可采用H06Cr14、H12Cr13等焊丝；焊接铬镍不锈钢时，可采用H08Cr19Ni9、H08Cr19Ni9Ti等焊丝；焊接超低碳不锈钢时，应采用相应的超低碳焊丝，如H03Cr21Ni10等。

3.2.1.2 药芯焊丝的分类

A 按是否使用外加保护气体分类

根据是否使用外加保护气体，分为自保护（无外加保护气）焊丝和气保护（有外加保护气）焊丝两种。总的来说，气保护药芯焊丝的工艺性能和熔敷金属综合力学性能比自保护的好，但自保护药芯焊丝具有抗风性，更适合室外或高层结构现场使用。

B 按药芯焊丝的横截面结构分类

按药芯焊丝的横截面结构分为有缝焊丝和无缝焊丝两种。有缝焊丝按其截面形状又分为两类：一类是金属外皮没有进入到芯部材料中的管状焊丝，即通常所说的O形焊丝；另一类是金属外皮进入芯部材料中间，具有复杂的焊丝形状。通常，焊丝外径为1.0(0.8)~1.6mm时，属于小直径焊丝；外径为2.0~3.2(4.0)mm时，为大直径焊丝。药芯焊丝的截面形状示意图见图3-3。图3-3（e）为无缝焊丝，最常用的是图3-3（a）、（b）、（e）型截面，适于小直径焊丝。图3-3（c）、（d）型截面适用于2.4~4.0mm的大直径焊丝。不锈钢药芯焊丝中，有的也采用图3-3（f）型截面。

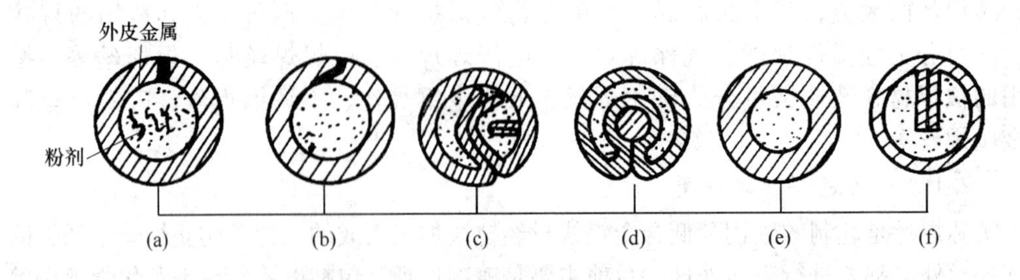

图3-3 药芯焊丝的结构形状

C 按芯部填充材料中有无造渣剂分类

按芯部填充材料中有无造渣剂可分为熔渣型（有造渣剂）和金属粉型（无或极少造渣剂）两种。在熔渣型药芯焊丝中加入粉剂，主要是为了改善焊缝金属的力学性能、抗裂性及焊接工艺性等。这些粉剂有脱氧剂（硅铁、锰铁、铝及铝镁等）、造渣剂（金红石、石英等）、稳弧剂（钾、钠等）、合金剂（Cr、Ni、Mo 等）及铁粉等。按照造渣剂的种类及渣的碱度可分为钛型（又称金红石型）、钛钙型（又称金红石碱型）和钙型（又称碱型）。金属粉型药芯焊丝几乎不含造渣剂，其焊接特性类似于实芯焊丝，但电流密度更大，具有熔融速度高、熔渣少的特点，而且飞溅很小。各类药芯焊丝特性如表 3-3 所示。

表 3-3 各类药芯焊丝的特性

项目		钛型	钛钙型	钙型	金属粉型
主要粉剂组成		TiO_2、SiO_2、MnO	TiO_2、$CaCO_3$	CaF_2、$CaCO_3$	Fe、Si、Mn
操作工艺性能	熔滴过渡形式	喷射过渡	较小颗粒过渡	颗粒过渡	喷射过渡
	焊道形状	平滑	平滑	稍凸	稍凸
	焊道外观	美观	一般	稍差	一般
	电弧稳定性	良好	良好	良好	良好
	飞溅量	粒小、极少	粒小、少	粒大、多	粒小、极少
	熔渣覆盖性	良好	稍差	差	渣极少
	脱渣性	良好	稍差	较差	稍差
	烟尘量	一般	稍多	多	少
	焊接位置	全位置	全位置	平焊或横焊	全位置
焊缝金属特性	缺口韧性	一般	良好	很好	良好
	抗裂性能	一般	良好	很好	很好
	X 射线性能	良好	良好	良好	良好
	抗气孔性能	良好	良好	良好	良好
	扩散氢/$mL \cdot 100g^{-1}$	5 ~ 14	5 ~ 8	2 ~ 4	2 ~ 4
	含氧量/%	$(6 \sim 8) \times 10^{-2}$	$(5 \sim 7) \times 10^{-2}$	$(4 \sim 6) \times 10^{-2}$	$(4 \sim 7) \times 10^{-2}$
	含氮量/%	$(4 \sim 10) \times 10^{-3}$	$(4 \sim 10) \times 10^{-3}$	$(4 \sim 10) \times 10^{-3}$	$(4 \sim 10) \times 10^{-3}$
	含铝量/%	0.01	0.01	0.01	0.01
	熔敷效率/%	70 ~ 85	70 ~ 85	70 ~ 85	90 ~ 95

D 按焊丝中的粉剂类型和熔滴过渡形式分类

根据焊丝中的粉剂类型和熔滴过渡形式，可将药芯焊丝大体归纳为三种基本类型，即气保护熔渣型、金属粉型和自保护型药芯焊丝。

a 气保护熔渣型药芯焊丝

熔渣到药芯焊丝的药芯与普通的焊条药皮的作用相似，其主要作用是稳弧、造气保护、造渣保护、过渡合金元素、改善接头的力学性能等。熔渣型药芯焊丝是目前使用最广泛的药芯焊丝，其优点主要有：（1）生产效率高，具有很好的经济效益；（2）能够实现全位置焊接，并且焊接效率较高；(3) 焊缝的质量好，在焊接过程中药芯对焊缝有明显的冶金作用，以改善焊缝金属的化学成分；(4) 药芯焊丝的焊接工艺性好，通过向药芯中加入稳弧剂，能够提高焊接电弧的稳定性，并具有更好的耐湿性；(5) 药芯成分能够促使电弧气体的电离，电弧较软，噪声小，药芯焊丝比实芯焊丝更容易施焊。

b 金属粉型药芯焊丝

与熔渣型药芯焊丝一样，金属粉型药芯焊丝也是由钢带包裹着药粉通过成型、拔丝等工艺制造而成的。但与熔渣型药芯焊丝不同的是，金属粉型药芯焊丝所包裹的药粉中大部分是金属粉，其余很少一部分是矿物粉，其中金属粉所占比例为80%～90%，矿物粉只有10%～20%。这种焊丝一般采用 Ar + CO_2 或 CO_2 气体保护焊接，也可用于埋弧焊或堆焊。

金属粉型药芯焊丝这种独特的结构，其具备以下优点：(1) 更高的熔敷速度；(2) 较高的熔敷效率；(3) 熔渣量少；(4) 焊接飞溅量少；(5) 焊缝成型好；(6) 对装配间隙的要求较低，放宽对加工和装配尺寸的精度要求，并能够避免未焊合等缺陷；(7) 适用于焊接强度较高的材料或者对抗裂性要求高的材料。

金属粉型药芯焊丝虽然有着诸多的优点，但也有以下不足：(1) 使用富氩保护时，热量高，并产生更强的光和辐射，焊工观察电弧及熔滴过渡比较困难，且焊枪容易过热，最好装备水冷系统；(2) 对焊接设备要求较高，为了获得全位置焊接，金属粉型药芯焊丝需要使用短路过渡模式或者使用脉冲焊接设备；(3) 价格高出实芯焊丝30%左右。

c 自保护药芯焊丝

利用药芯中一定成分的粉剂在焊接时气化和分解，释放出一些气体，形成保护屏障来隔绝空气。同时，药芯中含有一定量的脱氧剂（如 Al、Ti、Si、Mg 等）和强氮化物形成元素（如 Al、Ti 等），起到了保护熔化金属不受空气中氧和氮等有害气体的侵害，防止焊缝出气孔和因多量氮化物而导致焊缝金属冲击韧性下降的作用。由于不需要外加气体，增加了施工的灵活性，尤其在高层建筑，得到了广泛的应用。

焊缝金属中高的含铝量是自保护药芯焊丝的一个特征，为了避免焊缝生成 CO 和 N_2 气孔，作为强脱氧剂和强氮化物形成元素，加入 Al 是非常必要的。但是过量的 Al 会引起晶粒粗大，严重影响焊缝金属的塑韧性。因此，要求焊缝金属的含 Al 量最多不超过1.8%，通常控制在1.1%以下。表3-4 为几种通用类型的自保护药芯焊丝粉剂和熔渣的主要成分。

表 3-4 几种通用类型的自保护药芯焊丝粉剂和熔渣的主要成分

成分	CaF_2-Al		CaF_2-TiO_2		CaF_2-TiO_2-CaO	
	粉剂	熔渣	粉剂	熔渣	粉剂	熔渣
SiO_2	0.5	—	3.6	0.2	4.2	1.8
Al	15.4	—	1.9	—	1.4	—
Al_2O_3	—	11.8	—	6.5	—	6.0
TiO_2	—	—	20.6	27.0	14.7	33.5
CaO	—	—	—	—	4.0	—
MgO	12.6	9.2	4.5	4.5	2.2	6.0

续表 3-4

成分	CaF_2-Al		CaF_2-TiO_2		CaF_2-TiO_2-CaO	
	粉剂	熔渣	粉剂	熔渣	粉剂	熔渣
K_2O	0.4	—	0.6	1.8	—	—
Na_2O	0.2	—	0.1	1.0	—	—
C	1.2	—	0.6	—	0.6	—
CO_2	0.4	—	0.6	—	2.1	—
Fe	4.0	—	50.0	—	50.5	—
Mn	3.0	—	4.5	—	2.0	—
Ni	—	—	—	—	2.4	—
CaF_2	63.5	76.1	22.0	53.0	15.3	47.5
MnO	—	0.4	—	1.1	—	2.8
Fe_2O_3	—	2.5	—	1.9	—	3.6
粉剂率/%	18	—	18	—	26	—
AWS 标准	E70T-4 E70T-7 E71T-8		E70T-3		E70T-6	

目前，已开发并可批量供应碳钢、低合金钢、不锈钢及堆焊等各种用途的自保护药芯焊丝。当然，与气保护药芯焊丝相比，自保护药芯焊丝的工艺性能稍差，价格也较高。因此，进一步改善自保护药芯焊丝的性能，增加品种，降低成本，以扩大其应用范围，是今后自保护药芯焊丝总的发展方向。

3.2.2　焊丝的型号及牌号

3.2.2.1　实芯焊丝的型号及牌号

我国的焊接材料标准化体系过去主要是等效采用美国焊接学会 AWS 标准。等效采用先进国家标准，既可使我国的焊材标准与国外标准接轨，也有力地推动了我国焊材工业的发展和质量水平的提高。

A　常用结构钢、耐热钢、低温钢及不锈钢实芯焊丝

除气体保护焊用碳钢及低合金钢焊丝外，实芯焊丝的牌号都是以字母“H”开头，后面以元素符号及用数字来表示该元素的近似含量，如 H04E、H08A、H08MnSi 等。具体编制方法为：字母“H”表示焊丝；在“H”之后的两位数字表示含碳量（平均约数）；化学元素符号及其后的数字表示该元素的近似含量，当某合金元素的含量低于1%时，可省略数字，只计元素符号；在焊丝牌号尾部标有“A”或“E”时，分别表示为“优质品”或“高级优质品”，表明 S、P 等杂质含量更低。

结构钢、耐热钢、低温钢及不锈钢实芯焊丝型号举例：

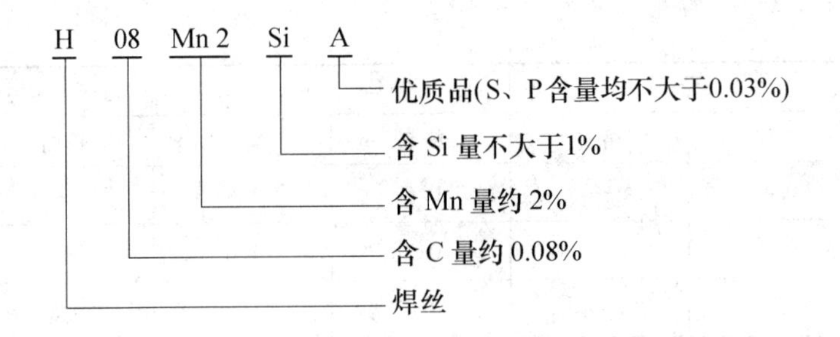

B 气体保护电弧焊用碳钢、低合金钢焊丝

根据《气体保护焊用碳钢、低合金钢焊丝》(GB/T 8110—2008）的规定，焊丝的型号是按强度级别和成分类型命名的，以字母“ER”开头，如 ER50-2、ER55-B2、ER55-Ni1 等。

气体保护电弧焊用碳钢、低合金钢焊丝型号举例：

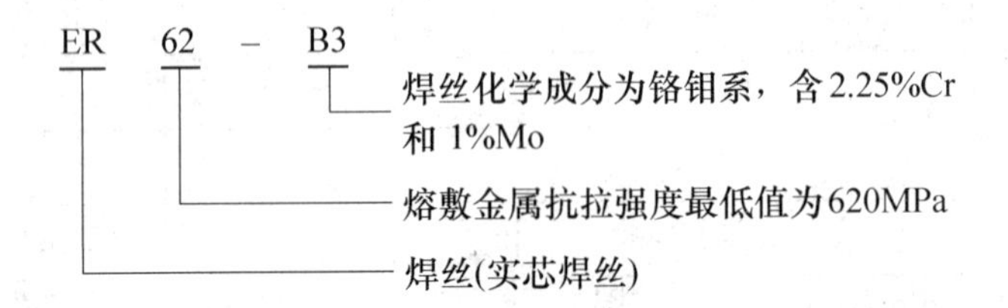

C 铜及铜合金焊丝

根据《铜及铜合金焊丝》(GB 9460—2008）的规定，焊丝型号由三部分组成：第一部分用字母“SCu”表示铜及铜合金焊丝；第二部分用四位数字表示焊丝型号；第三部分为可选部分，表示化学成分代号，如 SCu1898、SCu6560A、SCu6338 等。

铜及铜合金焊丝型号举例：

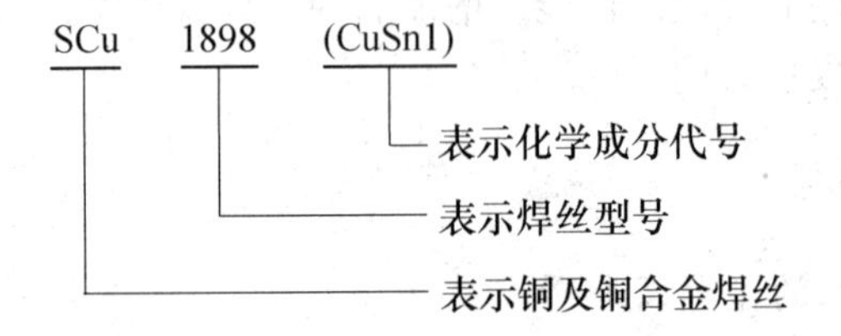

D 铝及铝合金焊丝

根据《铝及铝合金焊丝》(GB 10858—2008）的规定，焊丝型号由三部分组成：第一部分用字母“SAl”表示铝及铝合金焊丝；第二部分用四位数字表示焊丝型号；第三部分为可选部分，表示化学成分代号，如 SAl1070、SAl1080A、SAl4145 等。

铝及铝合金焊丝型号举例：

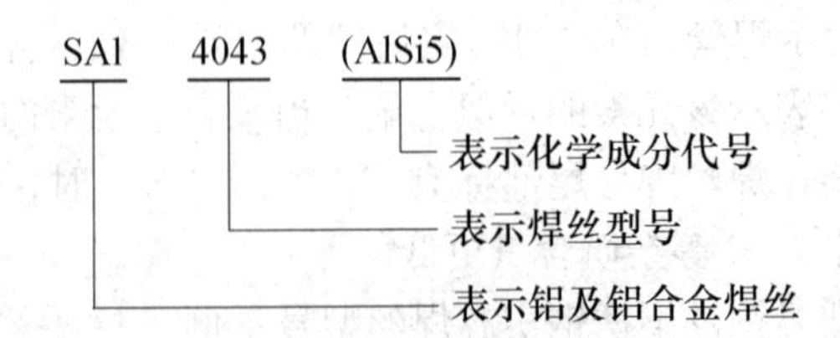

E　镍及镍合金焊丝

根据《镍及镍合金焊丝》(GB/T 15620—2008）的规定，焊丝型号由三部分组成：第一部分用字母“SNi”表示镍及镍合金焊丝；第二部分用四位数字表示焊丝型号；第三部分为可选部分，表示化学成分代号，如 SNi2061、SNi6072、SNi6704 等。

镍及镍合金焊丝型号举例：

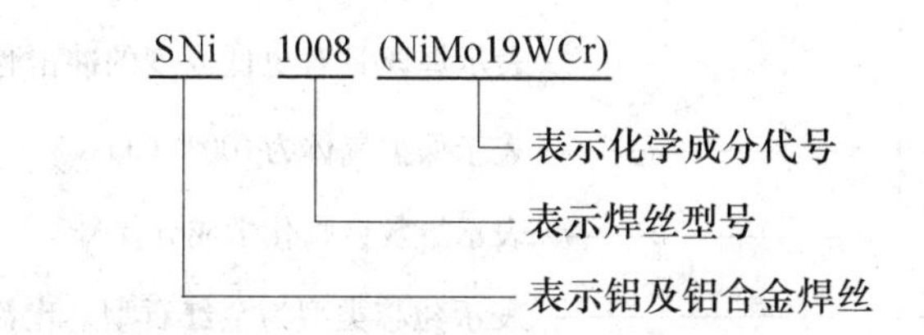

3.2.2.2　药芯焊丝的型号

A　碳钢药芯焊丝的型号

根据《碳钢药芯焊丝》(GB/T 10045—2001）标准规定，碳钢药芯焊丝型号是根据其熔敷金属力学性能、焊接位置及焊丝类别特点（保护类型、电流类型及渣系特点等）进行划分。

字母“E”表示焊丝，“T”表示药芯焊丝，字母“E”后面的 2 位数字表示熔敷金属的力学性能，第 3 位数字表示推荐的焊接位置，其中“0”表示平焊和横焊位置，“1”表示全位置焊。短线后面的数字表示焊丝的类别特点，字母“M”表示保护气体为（75% ~ 80% Ar) + CO_2，当无字母“M”时，表示保护气体为 CO_2 或自保护类型。字母“L”表示焊丝熔敷金属的冲击性能在 -40℃时，其 V 形缺口冲击功不小于 27J；无“L”时，表示焊丝熔敷金属的冲击性能符合一般要求，如 E501T-1ML、E501T-6L、E501T-12ML 等。

碳钢药芯焊丝型号举例：

E　50　1　T - 1　M　L

L：焊丝熔敷金属 V 形缺口冲击功在 -40℃下不小于 27J
M：表示保护气体为(75%～80%Ar)+ CO_2
1：焊丝类别特点：外加保护气，直流电源、焊丝接正极，用于单道和多道焊
T：表示药芯焊丝
1：表示焊接位置为全位置
50：熔敷金属抗拉强度不小于480MPa
E：表示焊丝

B　低合金钢药芯焊丝的型号

根据《低合金钢药芯焊丝》(GB/T 17493—2008）标准规定，非金属粉型药芯焊丝的型号是根据其熔敷金属力学性能、焊接位置、焊丝类别特点（保护类型、电流类型、渣系特点等）及熔敷金属的化学成分进行划分的，金属粉型药芯焊丝的型号是根据其熔敷

金属力学性能及化学成分进行划分的。非金属粉型药芯焊丝的型号为E×××T×-××(-JH×)，金属粉型药芯焊丝的型号为E××C-×(-H×)。

非金属粉型药芯焊丝型号举例：

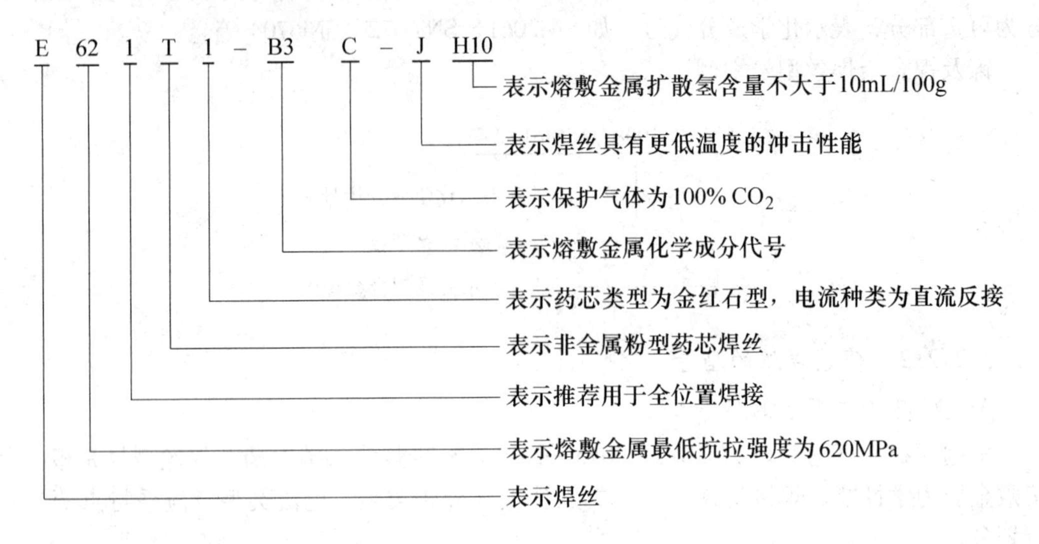

金属粉型药芯焊丝型号举例：

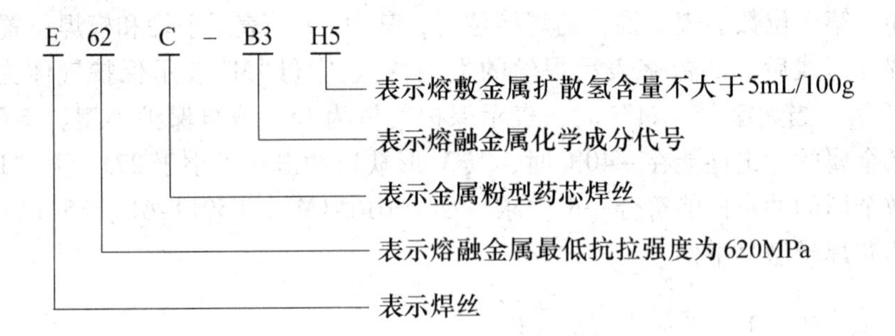

字母“E”表示焊丝，“T”表示非金属粉型药芯焊丝，字母“E”后面的2位数字表示熔敷金属的力学性能；第3位数字表示推荐的焊接位置，其中“0”表示平焊和横焊位置，“1”表示全位置；字母“T”后的数字表示焊丝的渣系、保护类型及电流类型。保护气体类型的“C”表示CO_2气体，“M”表示Ar+(20%~25%CO_2)混合气体，当该位置没有符号出现时，表示不采用保护气体，即为自保护型；短线“-”后面的字母及数字表示熔敷金属化学成分分类代号，如E621T1-B3C-JH10、E62C-B3H5等。

C　不锈钢药芯焊丝的型号

根据《不锈钢药芯焊丝》(GB/T 17853—1999)标准规定，不锈钢药芯焊丝型号根据其熔敷金属化学成分、焊接位置、保护气体及焊接电流种类来划分。

字母“E”表示焊丝，若改用“R”表示填充焊丝。后面的三位或四位数字表示焊丝熔敷金属化学成分分类代号，如有特殊要求的化学成分，将其元素符号附加在数字后面；此外，字母“L”表示碳含量较低，字母“H”表示碳含量较高。字母“T”表示药芯焊丝，字母“T”后面的一位数字表示焊接位置，“0”表示焊丝适于平焊和横焊，“1”表示焊丝适用于全位置。短线“-”后面的数字表示保护气体及焊接电流类型。

不锈钢药芯焊丝型号举例：

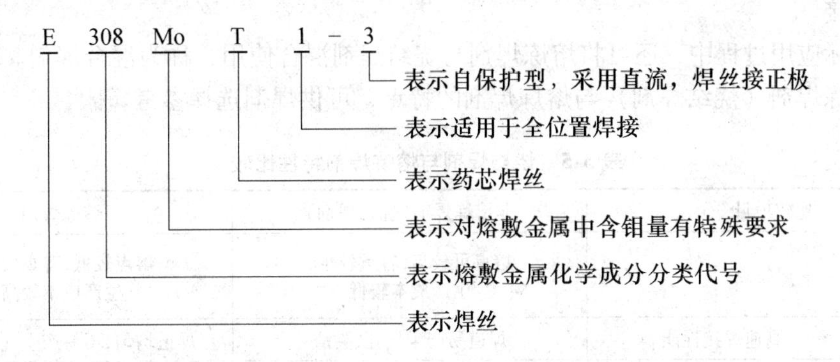

3.3 焊 剂

焊剂是埋弧焊和电渣焊等焊接过程中必不可少的辅料，一般以各类氧化物及卤族元素化合物为原料加工制成。在焊接过程中，与焊条药皮类似，焊剂受热熔化形成熔渣层，覆盖在金属熔池表面，起到保护熔融金属、冶金处理及改善焊接工艺性能的作用。焊剂中的烧结型焊剂还能加入部分合金，在焊接过程中可对金属熔池进行合金化及脱氧处理。

3.3.1 焊剂的分类及特性

焊剂种类较多，可根据焊剂的生产方法、成分特点、用途等分类。了解焊剂的分类是掌握焊剂特性和应用场合的基础。

3.3.1.1 按焊剂制造方法分类

按照焊剂在制造过程中原料是否经过高温熔融处理，焊剂可分为熔炼焊剂和非熔炼焊剂两大类。

（1）熔炼焊剂。按照成分要求，将特定原料矿物混入高温炉熔化均匀，然后经过出炉水冷制粒、干燥、筛分等工序即得到熔炼焊剂。由于熔炼焊剂制造过程中涉及高温熔融过程，因而熔炼焊剂中无法加入碳酸盐与有机物等造气剂。同时，由于熔渣、熔盐与合金原料的密度差一般较大，且相互润湿性较差，金属原料在熔炼及后续造粒过程中无法均匀加入焊剂，限制了熔炼焊剂对金属熔池的脱氧及合金化作用。熔炼焊剂需经高温熔清处理，其能耗也较高，生产碱度较高、熔化温度较高的焊剂较为困难。

由于焊剂成分及冷却条件不同，熔炼焊剂还可分为玻璃状焊剂、结晶状焊剂和浮石状焊剂。前两种焊剂容重较大，而浮石状焊剂呈泡沫颗粒状，容重较小，保温性能相对较好。

（2）非熔炼焊剂。非熔炼焊剂可分为黏结焊剂和烧结焊剂，两者的生产方法类似，区别在于黏结焊剂是在将黏结剂加入各种原料混匀、造粒、烘干后，低温（350～500℃）烘焙烧结制成；而烧结焊剂的烧结处理温度较高，多为700～1000℃。在实际应用过程中，也有人将黏结焊剂称为低温烧结焊剂以区别于高温烧结焊剂，因此也将非熔炼焊剂统称烧结焊剂。

由于非熔炼焊剂烘焙烧结温度相对较低，在生产过程中易于加入一定量的造气剂与合金，易于向焊缝金属中过渡合金元素。同时，烧结焊剂熔点较高，容重一般较小，适合大线能量焊接。

在实际应用过程中，还可将熔炼焊剂与烧结焊剂混合使用，称为混合焊剂。表3-5所示为非熔炼焊剂（烧结焊剂）与熔炼焊剂的特点，可供焊剂选择参考。

表3-5 烧结焊剂与熔炼焊剂特性比较

比较项目		非熔炼焊剂(烧结焊剂)	熔炼焊剂
一般特点		熔点可较高,容重较小,生产成本较低	熔点较低,容重较大,生产成本较高
焊接工艺性能	高速焊接性能	焊道易产生气孔、夹渣	焊道均匀,不易产生气孔、夹渣
	大规范焊接性能	焊道均匀,易脱渣	焊道凹凸显著,易粘渣
	吸潮特性	易吸潮,用前需烘干	不易吸潮,用前无须烘干
	抗锈性	不敏感	敏感
焊缝特性	韧性	比较容易得到高韧性	受焊丝及焊剂成分波动影响大
	焊缝金属成分波动	成分波动大,不容易均匀	成分随焊接规范变化波动小
	多层焊性能	焊缝金属成分波动较大	焊缝金属成分变动小
	合金剂的添加	容易	困难

3.3.1.2 按焊剂化学成分分类

化学成分是焊剂最重要的特征，焊剂化学成分的差异直接造成焊接工艺性能及焊缝性能的差异。一般惯例，可以按照焊剂组分特点，SiO_2含量，MnO含量，SiO_2、MnO、CaF_2含量组合，以及成分综合碱度分类。

A 按主要成分类型分类

表3-6所示为典型的焊剂分类方法及特点。

表3-6 按主要成分类型分类的焊剂特点

代号	焊剂类型	主要成分（质量分数）/%	焊剂特点
MS	锰-硅型	$SiO_2+MnO>50$	可与含锰量少的焊丝配合，向焊缝金属中适量过渡锰与硅元素
CS	钙-硅型	$SiO_2+MgO+CaO>60$	容易向焊缝金属中过渡硅，适合大电流焊接
AR	铝-钛型	$Al_2O_3+TiO_2>45$	适用于多丝焊接和高速焊接
FB	氟-碱型	$CaO+MgO+MnO+CaF_2>50$ $SiO_2\leqslant20$，$CaF_2\geqslant15$	硅向焊缝金属过渡较少，可得到高冲击韧性的焊缝金属
AB	铝-碱型	$CaO+MgO+Al_2O_3>45$ ($Al_2O_3\approx20$)	性能介于铝-钛型和氟-碱型焊剂之间

B 按SiO_2含量分类

按SiO_2含量特点，焊剂通常可分为高硅酸性焊剂、低硅焊剂、低硅氧化性焊剂及无硅中性焊剂。

a 高硅酸性焊剂

焊剂中 SiO_2 含量一般大于 30%（质量分数），MnO 作为熔剂，此类焊剂在焊接碳钢方面有重要地位。由于焊剂呈酸性，脱 P、S 能力不强，因此针对合金钢焊接，只适用于对冷脆无特殊要求的结构。高硅焊剂具有良好的焊接工艺性能，适用于交流电源，且电弧稳定，脱渣容易。

b 低硅焊剂

焊剂中 SiO_2 含量一般小于 10%（质量分数），主要用于焊接低合金钢及高强度钢，由于渣中 SiO_2 含量较低，熔渣对金属熔池的净化效果较好，焊缝金属增硅较少。因此相比高硅焊剂，焊缝金属的低温韧性有一定提高，但此类焊剂焊缝成型及抗气孔、抗结晶裂纹能力较差，施焊时宜采用直流反接。在使用前，此类焊剂通常要在高温下进行烘焙，甚至在某些情况下直接采用干法粒化法生产焊剂，避免生产过程中焊剂原料与水直接接触。

c 低硅氧化性焊剂

低硅氧化性焊剂适用于焊接低合金高强度钢。在普通低硅焊剂的基础上添加适量的 FeO，焊缝中的扩散氢含量低，提高了焊缝金属抗气孔及冷裂纹的能力。由于此类焊剂熔渣氧化性较强，施焊过程中合金元素烧损较大，因此需选用合金元素含量较高的焊丝，施焊时宜采用直流反接。

d 无硅中性焊剂

这种焊剂 SiO_2 含量很少，焊接时合金元素几乎不被氧化，焊缝中氧的含量很低，焊接高强度钢时，可以得到强度高、塑性好、低温下具有良好冲击韧性的焊缝金属。该焊剂的缺点是焊接工艺性能较差，焊缝中扩散氢含量较高，抗冷裂纹能力较差。为改善其焊接工艺性能，可适当加入一定量的钛、锰或硅的氧化物，但随着这些氧化物的加入，焊剂的氧化性也有一定提高。

C 按 MnO、SiO_2 及 CaF_2 含量组合分类

我国熔炼焊剂常按照焊剂中 MnO、SiO_2 及 CaF_2 的含量（质量分数）组合分类。其中 MnO 分为无 MnO（MnO 小于 2%）、低 MnO（MnO 2%～15%）、中 MnO（MnO 15%～30%）和高 MnO（MnO 大于 30%）四类。SiO_2 含量分为低硅（SiO_2 小于 10%）、中硅（SiO_2 10%～30%）及高硅（SiO_2 大于 30%）三类。CaF_2 含量也分为低氟（CaF_2 小于 10%）、中氟（CaF_2 10%～30%）及高氟（CaF_2 大于 30%）三类。

将以上三组元组合之后可以粗略比较焊剂的酸碱度，大致分析出焊剂的工艺性能和焊缝韧性等主要特征。比如，无锰低硅高氟焊剂，属于碱性焊剂，焊接工艺性能较差，只适用于直流电源，焊缝韧性高，焊剂氧化性较小，可焊接不锈钢等高合金钢；中锰中硅中氟焊剂，多属于中性焊剂，焊接工艺性能及焊缝韧性均适中，多用于焊接低合金钢结构件；而高锰高硅低氟焊剂则属于酸性焊剂，焊接工艺性能良好，适用于交直流电源，主要用于焊接低碳钢和对韧性要求不高的低合金钢，焊缝韧性尤其是低温韧性较差，不适用于焊接重要结构。

D 按照熔渣碱度分类

碱度是焊剂最重要的冶金特征。随着焊剂碱度的变化，其焊接工艺性能和焊缝金属的力学性能将发生很大的变化。一般来讲，酸性焊剂具有良好的焊接工艺性能，焊缝成型美

观，但焊缝金属冲击韧性较低。而碱性焊剂施焊得到的焊缝金属冲击韧性较高，但焊接的工艺性能较差。

碱度在冶金领域表达并不统一，有二元碱度（binary basicity）、综合碱度等不同定义表达。在焊接领域，一般使用国际焊接学会推荐的公式：

$$B=\frac{CaO+MgO+BaO+SrO+Na_2O+K_2O+CaF_2+0.5(MnO+FeO)}{SiO_2+0.5(Al_2O_3+TiO_2+ZrO_2)}$$

式中，各氧化物及氟化物的含量为其质量分数。

（1）酸性焊剂。碱度 $B<1$ 时，为酸性焊剂，具有良好的焊接工艺性能，但可使焊缝增硅，焊缝金属含氧量高，低温冲击韧性较低。

（2）中性焊剂。碱度 $B=1\sim1.5$ 时，为中性焊剂，熔敷金属的化学成分与焊丝化学成分相近，焊缝氧含量有所降低。

（3）碱性焊剂。碱度 $B>1.5$ 时，为碱性焊剂，使用碱性焊剂焊接得到的焊缝金属氧含量低，可获得较高的焊缝冲击韧性，抗裂纹性好，但焊接工艺性能较差。随着焊剂碱度的提高，焊道形状变得窄而高，并容易产生咬边及夹渣等缺陷。

3.3.2 焊剂的型号及牌号

焊剂的型号一般依据国家标准规定进行划分，而焊剂的牌号则是生产部门根据一定规则编排，因此同一型号焊剂可包含多个牌号。

3.3.2.1 焊剂的型号

我国目前关于焊剂型号的规定的国家标准有：《埋弧焊用碳钢焊丝和焊剂》(GB/T 5293—1999)、《低合金钢埋弧焊用焊剂》(GB 12470—1990)、《埋弧焊用不锈钢焊丝和焊剂》(GB/T 17854—1999) 等。具体型号细节如下。

A 碳钢埋弧焊用焊剂的型号

国标《埋弧焊用碳钢焊丝和焊剂》(GB/T 5293—1999) 将焊丝焊剂在同一标准中编写，可以供使用者全面了解焊丝、焊剂与熔敷金属力学性能的关系。国标中型号根据焊丝－焊剂组合的熔敷金属力学性能和热处理状态进行划分。

以 F4A0-H08A 焊丝－焊剂型号为例：

F4A0-H08A 中字母“F”表示焊剂。

F**4**A0-H08A 中“4”代表焊丝－焊剂组合下熔敷金属抗拉强度的最小值，具体数值见表 3-7。

表 3-7 焊丝－焊剂组合的熔敷金属拉伸试验结果的规定

型　号	抗拉强度/MPa	屈服强度/MPa	伸长率/%
F**4**××-H×××	415～550	≥330	≥22
F**5**××-H×××	480～650	≥400	≥22

F4**A**0-H08A 中字母“A”表示试件的热处理状态。“A”表示为焊态，“P”为焊后热处理状态。

F4A**0**-H08A 中数字“0”表示熔敷金属冲击吸收功不大于 27J 时的最低试验温度为

0℃，具体最低试验温度代号见表3-8。

表3-8 焊丝－焊剂组合的熔敷金属冲击试验条件的规定

型 号	冲击功	试验温度/℃
F××0-H×××	≥27J	0
F××2-H×××		20
F××3-H×××		30
F××4-H×××		40
F××5-H×××		50
F××6-H×××		60

F4A0-**H08A**中“H08A”表示焊丝的牌号。根据GB/T 14957，“H08A”中H代表焊丝，字母后面两位数表示焊丝中平均碳含量。如有其他化学成分，在字母后面用元素符号表示，牌号最后的A、E、C表示磷、硫等杂质含量的等级。

这种焊剂型号的表示方法不注明焊剂的具体制造方法，可以是熔炼型，也可以是非熔炼型。并且每种型号的焊剂是按照焊缝金属的力学性能划分，不根据焊剂或焊缝金属化学成分划分，但对磷、硫含量有所要求。

B 低合金钢埋弧焊用焊剂的型号

根据国标《低合金钢埋弧焊用焊剂》(GB 12470—90）规定，低合金钢埋弧焊用焊剂的型号根据焊缝金属的力学性能以及焊剂渣系划分。其型号一般表示为：$FX_1X_2X_3X_4$-H×××。其中：

F$X_1X_2X_3X_4$-H×××中字母“F”表示焊剂。

F$\mathbf{X_1}X_2X_3X_4$-H×××中“X_1”表示熔敷金属的拉伸性能，分为5～10六类，分别规定了抗拉强度、屈服强度和伸长率等三项指标，具体见表3-9。

表3-9 拉伸性能代号（X_1）及具体要求

X_1代号	抗拉强度/MPa	屈服强度/MPa	伸长率/%
5	480～650	≥380	≥22
6	550～690	≥460	≥20
7	620～760	≥540	≥17
8	690～820	≥610	≥16
9	760～900	≥680	≥15
10	820～970	≥750	≥14

F$X_1\mathbf{X_2}X_3X_4$-H×××中“X_2”表示试样状态，用“0”“1”表示，“0”表示焊态，“1”表示焊后热处理态。

F$X_1X_2\mathbf{X_3}X_4$-H×××中“X_3”表示熔敷金属冲击吸收功不大于27J时的最低试验温度，代号见表3-10。

表 3-10 熔敷金属冲击吸收功分级代号（X_3）及要求

冲击吸收功代号（X_3）	冲击功	试验温度/℃
0	无要求	—
1	≥27J	0
2		-20
3		-30
4		-40
5		-50
6		-60
8		-80
10		-100

$FX_1X_2X_3\underline{\mathbf{X_4}}$-H×××中“$X_4$”表示焊剂渣系，代号见表 3-11。

表 3-11 焊剂渣系（X_4）分类及成分特点

渣系代号(X_4)	成分特点(质量分数)/%	渣系分类
1	$CaO + MgO + MnO + CaF_2 > 50, SiO_2 \leqslant 20, CaF_2 \geqslant 15$	氟碱型
2	$(CaO + MgO + Al_2O_3) > 45, Al_2O_3 \geqslant 20$	高铝型
3	$CaO + MgO + SiO_2 > 60$	硅钙型
4	$MnO + SiO_2 > 50$	硅锰型
5	$Al_2O_3 + TiO_2 > 45$	铝钛型
6	无具体规定	其他

FX1X2X3X4-<u>**H**×××</u>中“H×××”表示焊接时焊丝牌号，详细参见 GB 1300。

C 不锈钢埋弧焊用焊剂的型号

GB/T 17854—1999 中规定，埋弧焊用不锈钢焊丝和焊剂对应熔敷金属的铬含量（质量分数）不大于11%，镍含量不大于38%，并且按照熔敷金属的化学成分和力学性能进行分类。以 F308L-H00Cr21Ni10 为例。首字母“F”表示焊剂；首字母后的数字“308”代表熔敷金属种类代号，如对熔敷金属有特殊成分要求，则以字母表示，如“308L”表示碳含量较低；“H00Cr21Ni10”则为焊丝牌号。

3.3.2.2 焊剂的牌号

A 熔炼焊剂牌号的编制方法

根据原机械工业部《焊接材料产品样本》的划分，熔炼焊剂牌号使用“HJ×××”表示。

字母“HJ”表示埋弧焊和电渣焊用熔炼焊剂。

焊剂牌号“HJ×××”第一位数字表示 MnO 含量水平，详细表示含义见表 3-12。

表 3-12　熔炼焊剂牌号中 MnO 分类及成分特点

牌　　号	氧化锰含量（质量分数）/%	焊剂类型
HJ**1**××	MnO <2	无锰型
HJ**2**××	MnO 2~15	低锰型
HJ**3**××	MnO 15~30	中锰型
HJ**4**××	MnO >30	高锰型

牌号“HJ×××”中第二位数字表示焊剂中 SiO_2 和 CaF_2 的含量水平，具体见表 3-13。

表 3-13　熔炼焊剂牌号中渣系分类及成分特点

牌　　号	成分含量（质量分数）/%	焊剂类型
HJ×**1**×	SiO_2 <10，CaF_2 <10	低硅低氟
HJ×**2**×	SiO_2 10~30，CaF_2 <10	中硅低氟
HJ×**3**×	SiO_2 >30，CaF_2 <10	高硅低氟
HJ×**4**×	SiO_2 <10，CaF_2 10~30	低硅中氟
HJ×**5**×	SiO_2 10~30，CaF_2 10~30	中硅中氟
HJ×**6**×	SiO_2 >30，CaF_2 10~30	高硅中氟
HJ×**7**×	SiO_2 <10，CaF_2 >30	低硅高氟
HJ×**8**×	SiO_2 10~30，CaF_2 >30	中硅高氟
HJ×**9**×	—	其他

牌号“HJ×××”中第三位数字表示同一类型熔炼焊剂的不同牌号，以整数 0~9 排列。

针对同一种牌号熔炼焊剂，成品粒度不同时，牌号结尾以 X 区分。

B　烧结焊剂牌号的编制方法

烧结焊剂牌号使用“SJ×××”表示。其中，字母“SJ”指埋弧焊用烧结焊剂；“SJ×××”中首位数字代表焊剂熔渣渣系分类，由数字 1~6 表示；而牌号“SJ×××”中最后两位数字指同一渣系类型的不同牌号，按 01~09 顺序排序。

参 考 文 献

[1] 吴树雄，等. 焊丝选用指南 [M]. 北京：化学工业出版社，2011.
[2] 何少卿，等. 药芯焊丝及应用 [M]. 北京：化学工业出版社，2010.
[3] 中国标准出版社总编室. 金属焊接国家标准汇编 [M]. 北京：中国标准出版社，1991.
[4] 中国质检出版社第五室. 焊接标准汇编：材料卷 [M]. 北京：中国质检出版社，中国标准出版社，2011.
[5] 廖立乾，文花明. 焊条的设计、制造与使用 [M]. 北京：机械工业出版社，1988.
[6] 张文钺. 焊接冶金学：基本原理 [M]. 北京：机械工业出版社，1995.
[7] 周振丰. 焊接冶金学：金属焊接性 [M]. 北京：机械工业出版社，2003.
[8] 孙咸，陆文雄. 不锈钢焊条药皮的温升开裂 [J]. 焊接学报，1992 (4)：205~210.
[9] 荆洪飞. 不锈钢焊条的发红开裂问题分析 [J]. 大众标准化，2003 (5)：47~48.

[10] 赵旭光．不锈钢焊条发红的研究和新型涂料的应用［C］．第三届焊接学术会议论文，1979.
[11] 唐伯钢．对21世纪焊接材料发展趋势的探讨［J］．焊接，2001（3）：7～8.
[12] 薛松柏，栗卓新．焊接材料手册［M］．北京：机械工业出版社，2006.
[13] 国家机械工业委员会．焊接材料产品样本［M］．北京：机械工业出版社，1987.
[14] 王兵．焊条电弧焊一学就会［M］．北京：化学工业出版社，2014.
[15] 伊士科，杨鸣山，王移山，等．国内外焊丝焊剂简明手册［M］．北京：兵器工业出版社，1992.
[16] 李亚江．焊接材料的选用［M］．北京：化学工业出版社，2004.
[17] 中国机械工程学会焊接分会．焊接技术路线图［M］．北京：中国科学技术出版社，2016.

练习与思考题

3-1 选择题

3-1-1 以下哪个是气体保护电弧焊用碳钢实芯焊丝的型号？（ ）

A. SCu1898 B. SAl1080A
C. ER50-2 D. H08MnSi

3-1-2 以下哪个是低合金钢金属粉型药芯焊丝的型号？（ ）

A. E501T-6L B. E62C-B3H5
C. E308MoT1-3 D. E621T1-B3C-JH10

3-1-3 下列哪些物质可以稳弧？（ ）

A. 萤石 B. 电离电位低的物质
C. 电离电位高的物质 D. 以上没有影响

3-1-4 非低氢型焊条中，烟尘的主要成分为（ ）

A. SiO_2 B. MnO
C. CaF_2 D. 氧化铁

3-1-5 下列哪一项不属于对熔炼焊剂的描述？（ ）

A. 容易对焊缝金属过渡合金 B. 焊缝金属成分变动小
C. 焊道均匀，不易产生气孔、夹渣 D. 不易吸潮，用前无须烘干

3-1-6 下列哪种焊接工艺不会使用焊剂？（ ）

A. 埋弧焊 B. 堆焊
C. 电渣焊 D. 搅拌摩擦焊

3-2 简答题

3-2-1 熔渣型药芯焊丝的优点有哪些？

3-2-2 金属粉型药芯焊丝的优点及缺点有哪些？

3-2-3 简述焊条的工艺性能。

3-2-4 低氢型碱性焊条降低发尘量及毒性的主要途径有哪些？

3-2-5 简述为何熔炼型焊剂难以添加合金剂。

3-2-6 相对于碱性焊剂，为何酸性焊剂施焊得到的焊缝金属冲击韧性往往较低？

3-3 综合分析题

3-3-1 分析碳钢药芯焊丝型号 E501T-1ML 各字母及数字的含义。

3-3-2 简述碱性焊条药皮中 CaF_2 的作用及对焊缝性能的影响。

3-3-3 使用碱性焊条前，为什么要严格清理焊接坡口表面的铁锈和氧化皮，而酸性焊条施焊前要求相对较低？

3-3-4 按照焊剂碱度分类，不同碱度焊剂都有哪些特点？

4 焊接方法与工艺

4.1 焊接方法的分类

焊接方法发展的历史可以追溯到几千年之前，发展到现在其数量已不下几十种。可以从不同角度对焊接进行分类，其中最常用的是按照焊接工艺特征，即按照焊接过程中母材是否熔化以及是否对母材施加压力进行分类。按照这种方法，可以把焊接分为熔焊、压焊和钎焊三大类。焊接方法的分类如图 4-1 所示。

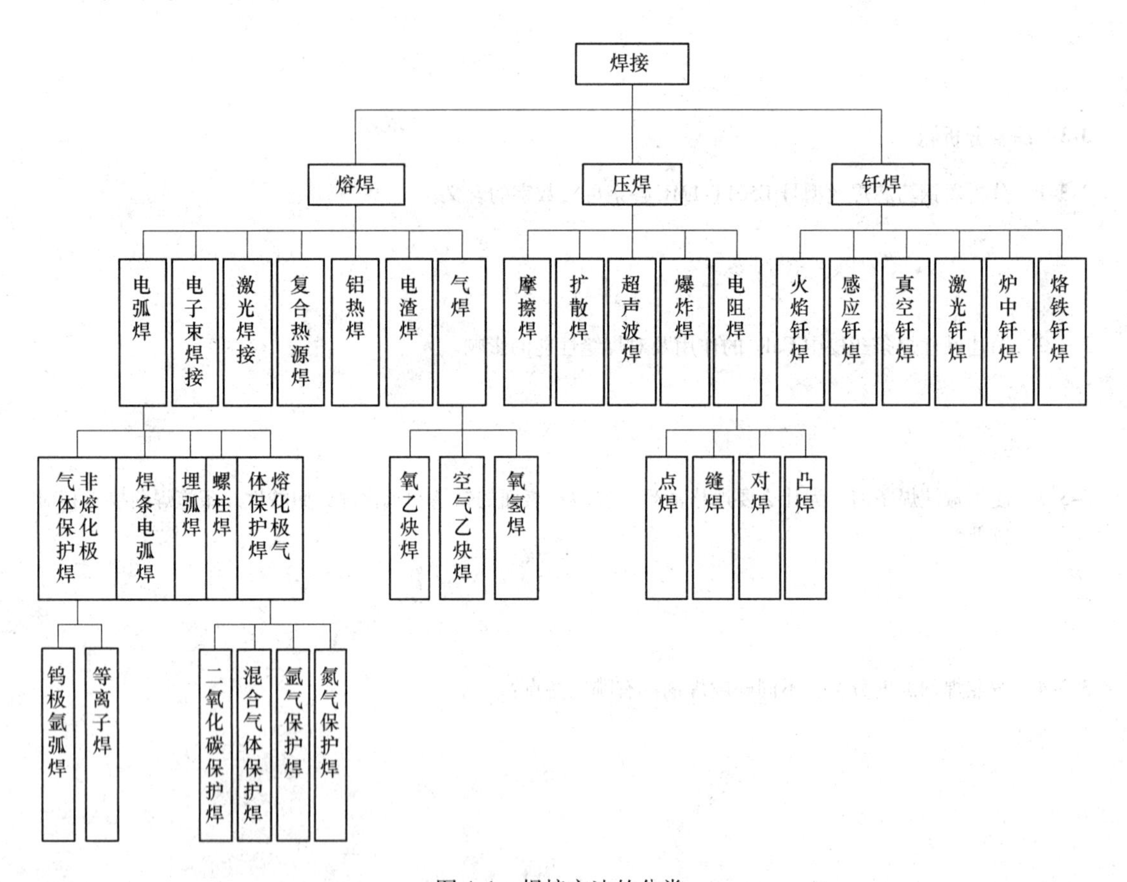

图 4-1　焊接方法的分类

熔焊是在不施加压力的情况下，将待焊处加热熔化形成焊缝的焊接方法。熔焊区别于其他焊接方法的主要特征是母材熔化和不施加压力。根据热源的不同，熔焊又分为电弧焊、气焊、电渣焊、铝热焊、电子束焊、激光焊等。电弧焊以电弧作为热源，包括焊条电弧焊、埋弧焊、钨极氩弧焊、熔化极惰性气体保护焊、熔化极活性气体保护焊、CO_2 气体保护焊、等离子弧焊等。气焊以化学热作为热源，包括氧乙炔焊、氧氢焊、空气乙炔焊等；电渣焊以熔渣电阻热作为热源；电子束焊、激光焊则以高能束作为热源。

压焊是焊接过程中必须对焊件施加压力才能完成的焊接方法。压焊的主要特征是焊接时需要施加压力。压焊有两种形式：第一种是加热+加压，将被焊母材加热到塑性状态或局部熔化状态，然后施加压力，从而形成牢固的接头，如电阻焊、摩擦焊、扩散焊、锻焊等；第二种是不加热，只加压，在被焊母材之间施加足够大的压力，使接触面产生塑性变形，形成原子间结合，从而形成牢固的焊接接头，如冷压焊、爆炸焊、超声波焊等。

钎焊是采用比母材熔点低的钎料，将焊件和钎料加热到高于钎料熔点，低于母材熔点的温度，利用液态钎料润湿母材，同时在毛细管力的作用下填充接头间隙，并与母材相互扩散而实现连接的方法。根据钎料熔点，钎焊分为软钎焊（钎料熔点低于450℃）和硬钎焊（钎料熔点高于450℃）。钎焊的特征是，焊接过程中母材不熔化，仅钎料熔化。根据钎焊热源的不同，可将其分为火焰钎焊、感应钎焊、盐浴钎焊等。

4.2 熔焊方法与工艺

熔焊是最常用的焊接方法，其中电弧焊又占据着极其重要的地位。在学习本章的内容前先学习两个与电弧焊相关的概念：（1）熔池。熔焊时，焊件上形成的具有一定几何形状的液态金属称为熔池。（2）熔滴过渡。在电弧热的作用下，焊丝或焊条端部熔化形成金属熔滴，在各种力（重力、电弧吹力、表面张力等）的作用下从焊丝端部脱离并过渡到熔池的全过程称为熔滴过渡。

4.2.1 焊条电弧焊

焊条电弧焊是利用手工操作，以焊条作为焊接材料进行焊接的一种电弧焊方法，其操作如图4-2所示，焊条如图4-3所示。焊条电弧焊的焊接回路如图4-4所示，它主要由弧焊电源、电弧、焊钳、焊条、电弧、电缆和焊件组成。焊接电弧是负载，焊接电源为电弧的持续燃烧提供电能。

图4-2 焊条电弧焊的焊接操作

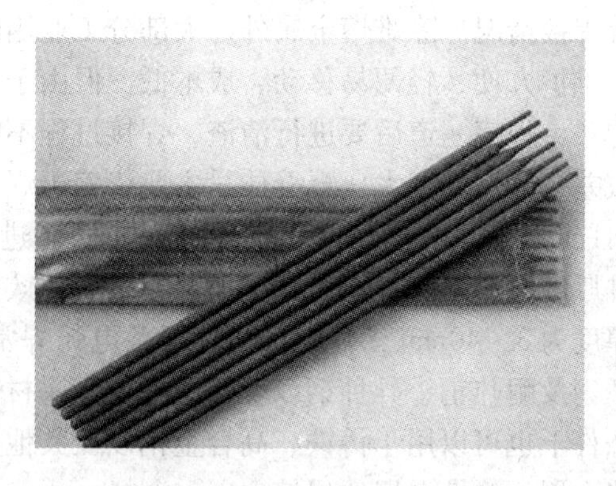

图4-3 焊条

焊接时，工件与电源的一极相连，焊钳则与另一极相连，用焊钳夹持焊条尾部露出金属芯的部位。引弧时，用焊条端部轻敲引弧处，在焊条端部与工件接触短路后立即轻轻将

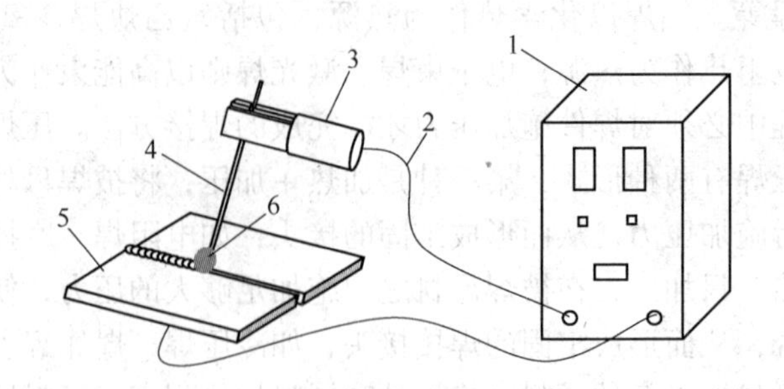

图4-4 焊条电弧焊焊接回路图
1—焊接电源；2—电缆；3—焊钳；4—焊条；5—工件；6—电弧

焊条提起很小的距离，即可引燃电弧，初学或不影响焊接接头使用时可采用划擦法。电弧的高温将焊条端部与工件局部熔化，熔化的金属焊芯以熔滴过渡的形式过渡到局部熔化的工件表面，连同熔化的工件金属形成熔池。焊条药皮在熔化过程中会产生一定量的气体和液态熔渣，产生的气体充满在电弧和熔池周围，起到隔绝大气、保护液态金属的作用。液态熔渣的密度低于液态金属的密度，在焊接过程中不断上浮，最终覆盖在液体金属表面，也起着保护焊缝金属的作用。随着焊接的进行，电弧沿焊接方向不断往前移动，熔池液态金属逐步冷却结晶形成焊缝，液态熔渣也冷却下来，形成固态渣壳，覆盖在焊缝金属表面，继续保护冷却中的焊缝金属。焊条电弧焊原理如图4-5所示。

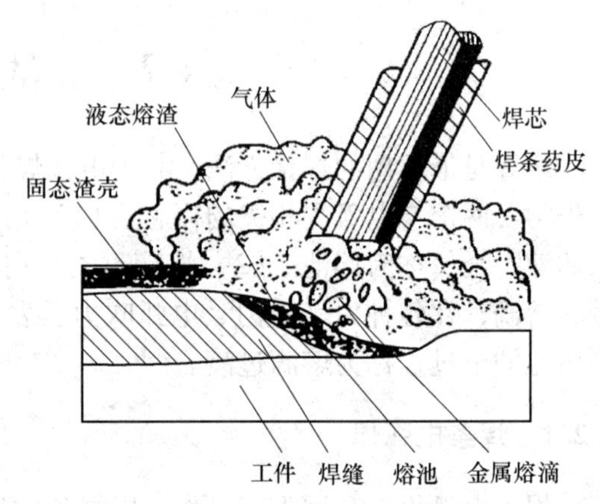

图4-5 焊条电弧焊原理

焊条电弧焊工艺灵活，实用性强，对于不同位置、接头形式、焊件厚度，只要焊条所能达到的位置，均能进行焊接，能很好地适应单一件、不规则的空间位置及不易实现机械化等焊接情况。除难熔金属外，大部分工业用的金属均能焊接，应用范围广。焊机结构简单，维护方便，轻便易移动，成本低。但由于焊条长度较短，焊完一根后必须停止焊接更换焊条，焊完一道后要进行清渣，焊接过程不能连续进行，很难实现机械化。焊工工作环境较差，劳动强度大。焊缝质量主要依赖于焊工的操作技术、经验保证以及精神状态。

1mm以下的薄板不适宜采用焊条电弧焊进行焊接。对于中厚板，采用开坡口的方式，焊件厚度不受限制，但焊缝金属填充量大、效率低、经济性不好，所以焊条电弧焊一般用于厚度为3～40mm工件的焊接。焊条电弧焊常用于碳钢、低合金钢的焊接，也可以用于不锈钢及耐热钢、异种钢以及其他各种金属材料的焊接，在合理预热、后热和焊后热处理的条件下也可以用于铸铁、高合金钢以及其他金属的焊接。通常情况下焊条电弧焊不适合活泼金属、难熔金属的焊接。

4.2.2 埋弧焊

埋弧焊的工作原理如图4-6所示，焊接电源的两极分别接到导电嘴和工件上，焊丝与导电嘴接触，形成“电源一极—电缆—导电嘴—焊丝—电弧—工件—电缆—电源另一极”的回路。焊接时，颗粒状的焊剂由漏斗经软管均匀地堆敷到工件的待焊处，焊丝由送丝盘经送丝机构和导电嘴送入焊接区，电弧在焊剂下面的焊丝与工件之间燃烧。电弧热使焊丝、焊剂蒸气、反应产生的气体、金属蒸气在电弧周围形成一个空腔，熔化的焊剂在空腔外形成一个熔渣膜。这层熔渣膜将空气与内部的电弧、气体、熔池金属隔离开来，保护熔池金属不被空气氧化，同时将电弧遮蔽在膜下，还能与熔池金属进行冶金反应，在一定范围内调节焊缝金属的成分。空腔的下部是熔池，上部焊丝熔化形成熔滴，不断向熔池过渡。随着电弧向前移动，熔池的液态金属随之冷却，形成焊缝金属，浮在上方的熔渣也凝固下来，覆盖在焊缝金属表面，形成渣壳，继续保护高温的固态焊缝。

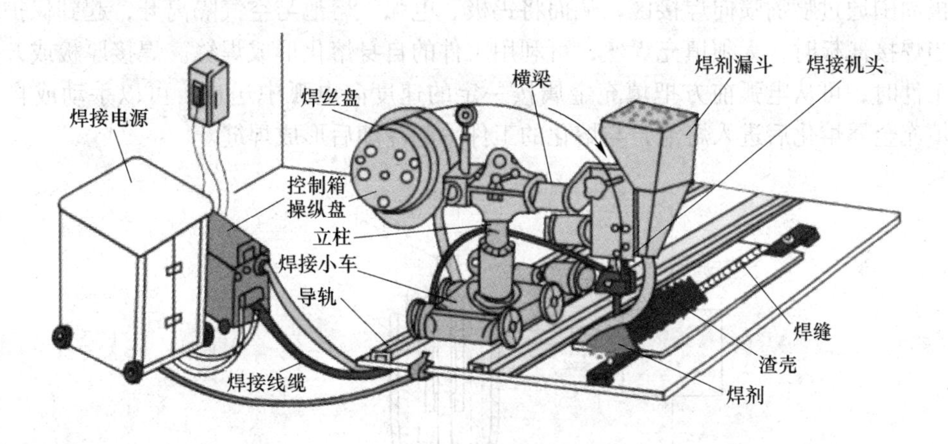

图 4-6　埋弧焊原理图

埋弧焊的电流可达 1000A 以上，是焊条电弧焊的 5～7 倍，可采用较粗的焊丝或焊带，可一次焊透 20mm 以下不开坡口的钢板，焊接速度可达 30～50m/h，生产效率高。埋弧焊时，一方面熔池在熔渣的保护下可以取得良好的保护效果，提高接头性能；另一方面可通过电弧自动调节系统调节电弧，对焊工的技术要求不高，焊接质量好且稳定。电弧被遮蔽在熔渣下，没有刺眼的弧光，通常不需要焊工手工操作，劳动条件好。对于中厚板不需要开坡口，使焊丝的填充量大大减少，埋弧焊热量集中，电弧的能量可以得到充分的利用，热效率高，节约电能。但埋弧焊焊接位置受限，一般只用于平焊位置，否则无法堆敷焊剂。埋弧焊电流低于 100A 时，电弧稳定性很差，因此不适于焊接 1mm 以下的薄板。由于焊剂的使用，不能直接观察电弧与接缝的相对位置，因此必须保证一定的装配精度。埋弧焊设备复杂，调整时间长，灵活性差，短焊缝焊接体现不出高效，适用于长焊缝。由于焊剂主要是 MnO、SiO_2 等金属及非金属的氧化物，因此不能用于铝、钛等活泼金属及其合金和易氧化金属的焊接。

埋弧焊主要用于焊接各种钢结构，可用的钢种有碳素结构钢、低合金结构钢、不锈钢、耐热钢、复合钢等，此外埋弧焊用于堆焊耐热、耐蚀合金，或焊接镍基合金、铜基合金等也能获得良好的效果。埋弧焊因具有生产效率高、熔深大、焊接质量好等特点，因而是锅炉、压力容器、船舶、工程机械、冶金机械及海洋结构、核电设备等制造的主要焊接手段。

4.2.3 非熔化极惰性气体保护焊

非熔化极惰性气体保护焊是指采用高熔点的钨作为电极来进行焊接的电弧焊接方法，又称钨极惰性气体保护焊（tungsten inert gas arc welding，TIG）。钨的熔点高达3653K，在焊接过程中不熔化。通常采用纯钨或活化钨（铈钨、钍钨等）作为电极，采用惰性气体（如氩气、氦气等）作为保护气，其中最为常用的是氩气，称为钨极氩弧焊。

4.2.3.1 钨极氩弧焊（TIG）

TIG焊的工作原理如图4-7所示。钨极被夹持在电极夹上，从喷嘴中伸出一定长度。焊接时，在钨极与工件之间产生电弧，对焊件进行加热。同时，惰性保护气体进入枪体，从钨极周围通过喷嘴喷向焊接区，从而将钨极、电弧、熔池与空气隔离开，起到保护的作用。当焊接薄板时，无须填充焊丝，可利用工件的自身熔化形成焊缝。焊接厚板或开有坡口的工件时，可从电弧前方把填充金属按一定的速度向电弧中送进，可以手动或自动送丝。填充金属熔化后进入熔池，与熔化的工件一起冷却后形成焊缝。

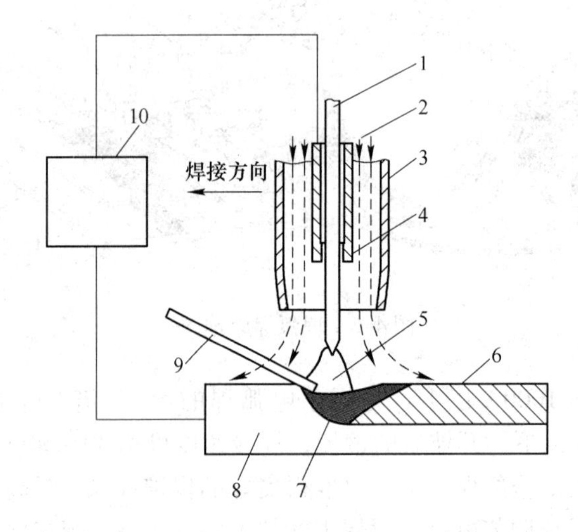

图4-7 TIG焊原理

1—钨极；2—惰性气体；3—喷嘴；4—电极夹；5—电弧；6—焊缝；7—熔池；8—工件；9—填充焊丝；10—焊接电源

TIG焊时，电弧在惰性气体中极为稳定，且惰性保护气对电弧和熔池的保护可靠，能有效排除氧、氮、氢等气体对焊缝金属的侵害，所得接头质量好。由于钨极不熔化，焊接过程非常稳定，使焊缝美观、平滑、均匀。薄板焊接时无须填丝，厚板焊接虽然填丝，但电流不经过焊丝，不会因为熔滴过渡而产生电压和电流变化而产生飞溅。钨极氩弧焊的焊接电流范围为5～500A，即使小到10A，电弧仍能稳定燃烧，特别适用于薄板、超薄板（0.1mm）焊接。如果采用脉冲电流焊接，可以方便地控制焊接热输入。但由于钨极承载电流能力有限，且电弧容易扩展而不集中，所以其功率密度受到制约，焊缝熔深浅，熔覆速度小，焊接速度小，生产效率低。由于惰性气体价格较高，且生产效率低，因此其成本比焊条电弧焊、埋弧焊和CO_2气体保护焊都高。由于氩气没有脱氧或去氢的作用，因此焊前要对工件进行严格的除油、去污、去水、去锈处理。焊接时，钨会有少量的熔化蒸发，如果这些微粒刚好进入熔池，就会形成夹钨，焊接电流过大时较为明显。

钨极氩弧焊的应用非常广泛，几乎可以用于所有金属和合金的焊接，特别是铝、镁、钛、铜等有色金属及其合金，不锈钢，耐热钢，高温合金和钼、铌、锆等难熔金属的焊接最具优势，适用于各种长度的焊缝，可以用于各种位置的焊接。钨极氩弧焊常被用于焊接厚度在6mm以下的焊件，如果采用脉冲钨极氩弧焊，焊接厚度可以降到0.8mm以下。在压力容器、管道等大厚工件的焊接中，钨极氩弧焊常被用于打底焊，即坡口根部第一层的焊接，这样可以确保打底层的质量。

4.2.3.2 等离子弧焊

等离子弧焊是在钨极氩弧焊基础上发展而来的。钨极氩弧是在常压状态下的自由电弧，通常说的等离子弧是利用水冷喷嘴等外部拘束条件使弧柱受到压缩而形成的高温、高电离、高能量密度及高焰流速度的压缩电弧。等离子弧与钨极氩弧在本质上没有区别，只是弧柱区的电离程度不同。等离子弧焊原理如图4-8所示。

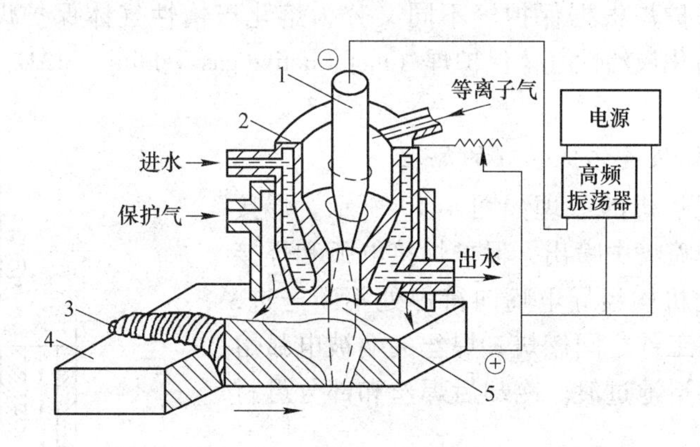

图4-8 等离子弧焊原理

1—钨极；2—喷嘴；3—焊缝；4—工件；5—等离子弧

目前广泛采用的压缩电弧的方法是将钨极缩入喷嘴内部，并在水冷喷嘴中通入一定压力和流量的等离子气，强迫电弧通过喷嘴孔道，从而形成高温、高能量密度的等离子弧。等离子弧的形成如图4-9所示，在此期间电弧受到机械压缩、热收缩、磁压缩三种压缩作用。在这些压缩效应的作用下，电弧弧柱受到强烈压缩，形成截面很细、温度极高（16000~30000℃）、电离程度很高的等离子弧。对于穿透型等离子焊，电弧在熔池前部穿透工件形成小孔，随着热源移动，在小孔后形成焊道的焊接方法叫穿透型焊接法。它利用等离子弧的高温及能量集中的特点，迅速将工件焊缝处的金属加热到熔化状态，在焊件底部穿透形成一个小孔，这个现象被称为“小孔效应”，小孔面积应保持在7mm² 以下，以免熔化的金属从熔池底部滴落。

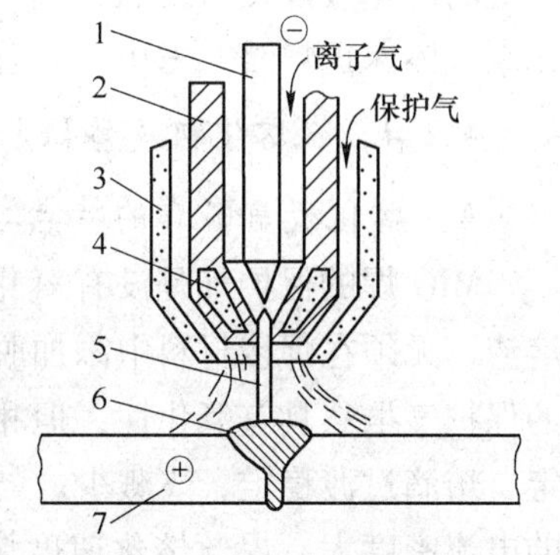

图4-9 等离子弧的形成

1—钨极；2—水冷喷嘴；3—保护罩；4—冷却水；5—等离子弧；6—焊缝；7—工件

等离子弧焊的优点主要是（主要与TIG相比）温度高，能量集中，焊缝熔深大，截面积小，能量密度集中，热影响区小；焊接速度快，特别是厚度大于3.2mm的材料尤为显著；薄板焊接变形小。电弧挺度好，自由电弧扩散角约为45°，等离子弧扩散角仅为5°。电弧稳定性好，微束等离子弧焊接的电流小至0.1A时仍能稳定燃烧。钨极内缩在喷嘴以内，不与焊件接触，没有夹钨的危险。但由于等离子弧焊需要两股气流加之水冷通道，因此焊枪构造复杂，又由于电弧直径小，因此要求焊枪喷嘴轴线更准确地对准焊缝。

等离子弧焊可用于各种金属材料的焊接，直流等离子弧焊可用于碳钢、合金钢、耐热钢、不锈钢、铜及铜合金、钛及钛合金、镍及镍合金等材料，交流等离子弧焊主要用于铝及铝合金、镁及镁合金等材料。普通等离子弧焊接多用于厚度小于或等于3mm的材料焊接。微束等离子弧焊可以焊接超薄焊件，例如厚度为0.2mm的不锈钢片。穿透型等离子弧焊接多用于1~9mm的材料焊接，极限焊接厚度可达13~18mm。

4.2.4 熔化极气体保护焊

熔化极气体保护焊根据保护气不同又分为熔化极惰性气体保护焊（metal inert gas welding, MIG）、熔化极活性气体保护焊（metal active gas welding, MAG）和CO_2气体保护焊（简称二保焊）。

4.2.4.1 熔化极气体保护焊的原理

熔化极气体保护焊的原理如图4-10所示。焊接时，保护气从焊枪喷嘴中喷出，保护焊接电弧和焊接区域，焊丝由送丝机构经导电嘴向待焊处不断送进，焊接电弧在焊丝与工件之间燃烧，焊丝尖端被电弧熔化，以熔滴形式向熔池过渡。冷却后焊丝和部分母材一起形成焊缝金属。

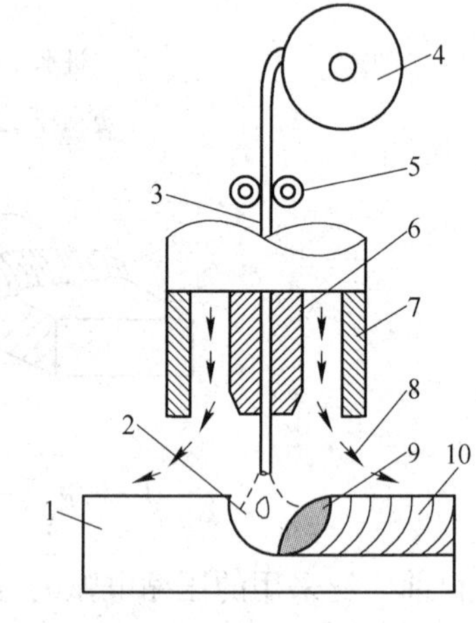

图4-10 熔化极气体保护焊原理
1—工件；2—电弧；3—焊丝；4—焊丝盘；5—送丝滚轮 6—导电嘴；7—保护罩；8—保护气体；9—熔池；10—焊缝金属

MIG焊时，采用惰性气体作为保护气，如Ar、He、Ar+He等，最常用的是以Ar作为保护气。MAG焊时，在Ar气中加入少量O_2、CO_2或CO_2+O_2等活性气体。MIG焊和MAG焊这类以氩气或富氩气体为保护气的熔化极焊接方法被统称为熔化极氩弧焊。二氧化碳气体保护焊时，采用CO_2作为保护气。

4.2.4.2 熔化极气体保护焊的特点与应用

A 熔化极氩弧焊的特点与应用

MIG焊的保护气是没有氧化性的惰性气体，电弧空间无氧化性，焊接过程中不产生熔渣，无须在焊接材料中添加脱氧剂，可使用与母材同等成分的焊丝进行焊接。MAG焊的保护气虽然具有氧化性，但相对较弱。与CO_2气体保护焊相比，熔化极氩弧焊电弧稳定，熔滴过渡稳定，飞溅少。与TIG焊相比，熔化极氩弧焊采用焊丝作电极，焊丝和电弧的电流密度大，焊丝熔化速度快，熔覆效率高，焊接变形小，生产效率高。焊接铝、镁时，采用直流反接（焊丝接正极，工件接负极），具有阴极破碎作用。熔化极氩弧焊容易实现焊接自动化。但惰性气体比CO_2气体价格高，因此熔化极氩弧焊成本比CO_2气体保护焊成本高。MIG焊对工件、焊丝焊前清理要求比较高，即焊接过程对油、锈等污染比较敏感。

MIG 焊几乎可以焊接所有金属材料，不仅可以焊接碳钢、合金钢、不锈钢，还可以焊接铝、铜、镁、钛及其合金等。但碳钢、低合金钢等黑色金属焊接时更多选用 MAG 焊，很少采用 MIG 焊。因此 MIG 焊通常用于对铝、铜、镁、钛等金属及其合金的焊接。MAG 焊主要用于碳钢、低合金钢以及要求不高的不锈钢焊接结构，因其电弧气氛具有一定的氧化性，因此不能用于铝、铜、镁、钛等金属及其合金的焊接。

B CO_2 气体保护焊的特点与应用

CO_2 气体保护焊的保护气和焊丝价格都比较便宜，焊接能耗低，因此其成本较低；焊缝含氢量低，因此其焊缝抗锈能力和抗裂能力较好，焊缝质量好；电弧能量集中，熔透能力强，熔覆速度快，生产效率高。CO_2 气体保护焊适用于各种位置的焊缝，既可以用于薄板焊接，也可以用于厚板焊接，适用范围较广，便于实现自动化。但由于 CO_2 本身的物理和化学性质，如分解吸热、热导性强等，使焊接过程飞溅大，焊缝成型较差；不能焊接易氧化的金属材料，也不适于在有风的地方施焊。CO_2 气体保护焊弧光强，飞溅大，劳动条件差。

CO_2 气体保护焊主要用于碳钢和合金结构钢的焊接，不适于有色金属及其合金的焊接。CO_2 气体保护焊在机车车辆制造、汽车制造、船舶制造、金属结构及机械制造等方面具有十分广泛的应用，可以焊接厚度 0.5 ~ 150mm 的工件。

4.2.5 电子束焊

电子束焊是利用加速和聚焦的电子束轰击置于真空或非真空中的焊件所产生的热能进行焊接的方法。真空电子束焊接是电子束焊接中的一种，是目前发展较为成熟的一种先进工艺。电子束在电子枪中产生，电子枪的阴极通电加热到高温而发射出大量电子，电子在加速电压的作用下达到 0.3 ~ 0.7 倍光速，经电子枪静电透镜和电磁透镜的作用，汇聚成一束动能极大的电子束。焊接时，这种高速的电子束撞击在焊件表面，电子的动能转变为热能，使金属迅速熔化和蒸发。强大的金属气流将熔化的金属排开，使电子继续撞击金属内部的固态部分，很快在焊件上“钻”出一个小孔（匙孔），小孔的周围被液态金属包围。随着电子束与焊件的相对移动，液态金属沿小孔周围流向熔池后部，并逐渐冷却凝固形成焊缝。

电子束焊接加热功率密度大，焦点处的功率密度可达 106 ~ 108W/cm^2，比电弧高 100 ~ 1000 倍；加热集中，热效率高，适宜难熔金属及热敏感性强的金属材料，焊后变形小。焊缝深宽比大，深宽比可达 50 : 1 以上。熔池周围气氛纯度高，焊接室的真空度一般要达到 10^{-2}Pa 数量级，几乎不存在焊缝金属污染的问题，特别适合活性强、纯度高、易被大气污染的金属焊接。

电子束焊接参数调节范围广，实用性强，各参数可以分别单独调节，电子束流可以从几毫安到几百毫安，加速电压可以从几十千伏到几百千伏，焊接的工件厚度可以从小于 0.1mm 到超过 100mm，可以实现复杂焊缝的自动化焊接。

4.2.6 激光焊

激光焊接是由激光器产生的方向性很强的高能密度激光束，照射到被焊材料的表面，通过其相互作用，部分激光能量被吸收，从而使得被焊材料熔化、气化，最后冷却结晶形成焊缝的过程。激光与普通光不同，它具有能量密度高（可达 105～1013W/cm^2）、单色性好、方向性强的特点。激光焊接就是利用激光器产生的单色性、方向性非常高的激光束，经过光学聚焦后，把其聚焦到直径 10μm 的焦点上，能量密度达到 106W/cm^2 以上，通过光能转变为热能，从而熔化金属进行焊接。

激光焊功率密度高，加热集中，可以获得深宽比大的焊缝（目前已达到 12：1），不开坡口单道焊钢板的厚度达 50mm。能准确聚焦为很小的光束（直径 10μm），焊缝极为窄小，变形极小，热影响区极窄。焊接过程非常快，焊件不易氧化。不论在真空、保护气或空气中焊接，效果几乎相同，即能在任何空间进行焊接。除可焊接普通金属材料外，激光还可以焊接一般方法难以焊接的材料，如高熔点金属，甚至可以用激光焊接非金属材料，如陶瓷、有机玻璃等。与电子束焊接相比，激光焊最大的优点是不需要真空室，不产生 X 射线，同时光束不受电磁场影响。但激光焊接一些高反射率的金属还比较困难，通过表面处理、深熔焊、激光电弧复合焊等方法可以有效改善反射率高的影响。设备（特别是高功率连续激光器）投资比其他方法大。对焊件加工、组装、定位要求均很高，通过填丝焊、光束旋转、激光复合等方法可以得到改善。

激光焊因具有以上特点，因而被广泛用于仪器、微型电子工业中的超小型元件及航天技术中的特殊材料焊接。可以焊接同种或异种材料，其中包括铅、铜、银、不锈钢、镍、锆、铌及难熔金属钽、钨等。

4.2.7 其他熔焊方法

4.2.7.1 电渣焊

电渣焊是利用电流通过液体熔渣所产生的电阻热进行焊接的熔焊方法。以丝极电渣焊为例，其工作原理如图 4-11 所示。焊前先把两焊件垂直放置，两焊件间预留一定的间隙（一般为 20～40mm），并在焊件上、下两侧面装好引弧槽和引出板 7，在焊件两侧面装好强迫成型装置 6。焊接开始时，先使焊丝与引弧槽短路起弧，然后不断加入适量焊剂，利用电弧热使焊剂熔化形成液态熔渣，熔渣的温度常在 1600～2000℃范围内，待渣池达到一定深度后，增加焊丝送进速度并降低焊接电压，使焊丝插入渣池，电弧熄灭，转入电渣焊过程。高温的液态熔渣具有一定的导电性，焊接电流流经渣池会产生大量的电阻热，将焊丝和焊件边缘一起熔化。熔化的金属沉积到渣池底部形成金属熔池 2，随着焊丝的不断送进，熔池不断上升并冷却凝固形成焊缝。熔渣则始终浮于金属熔池上部，对金属熔池起到保护作用。随着熔池的不断上升，焊丝送进装置和强迫成型装置也随之不断上升，焊接过程得以持续进行。

电渣焊最适合于垂直焊缝的焊接，当焊缝中心线处于铅垂位置时，电渣焊形成熔池及焊缝的条件最好，也可用于小角度倾斜焊缝的焊接，焊缝金属中不易产生气孔及夹渣。电渣焊是一种高效的焊接方法，适宜大壁厚、大断面的各类箱形、筒形等重型结构，通过板－焊、锻－焊、铸－焊等结构可以取代整锻、整铸结构，可克服铸、锻设备吨位的限制和不足。

电渣焊过程中，由于整个渣池均处于高温状态，热源体积大，不论焊件厚度多大都可以不开坡口，只要预留出一定的装配间隙便可一次焊接成型。与开坡口的焊接方法相比

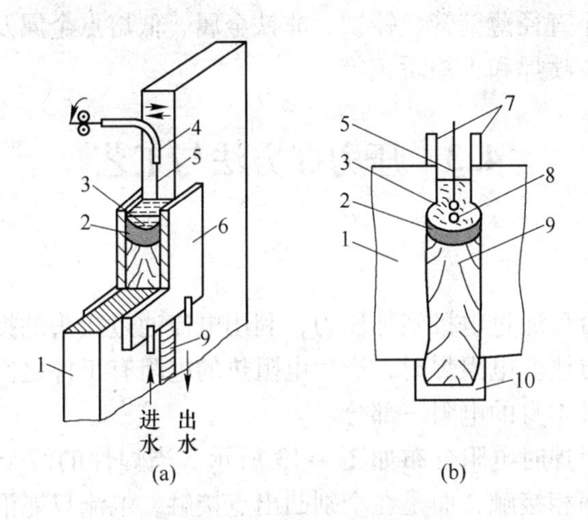

图 4-11 电渣焊原理示意图

(a) 立体示意图；(b) 断面图

1—焊件；2—金属熔池；3—渣池；4—导电嘴；5—焊丝；6—强迫成型装置；

7—引出板；8—金属熔滴；9—焊缝；10—引弧槽

(如埋弧焊等)，焊接材料消耗仅约为埋弧焊的1/20，节约电能，节省金属，节省加工时间，生产率高。可以在较大的范围内调节焊缝成型系数和熔合比，较易调整焊缝的化学成分和防止焊缝裂纹，可降低焊缝金属中的有害杂质，获得所需力学性能。渣池对焊件有较好的预热作用，焊接碳当量较高的金属时，因渣池的预热作用而不易出现淬硬组织，接头产生冷裂纹的敏感性较小，焊接中碳钢、低合金钢时可不用预热。但焊缝和热影响区在高温停留时间长，易产生晶粒粗大和过热组织，接头冲击韧度较低，一般焊后应进行正火或回火处理，这对大厚件来说有一定困难。

4.2.7.2 气焊

气焊是利用可燃气体与助燃气体混合燃烧产生的气体火焰的热量作为热源，进行金属材料焊接的加工工艺方法，其原理如图 4-12 所示。在电弧焊广泛应用之前气焊是一种应用比较广泛的焊接方法，如今随着电弧焊的广泛应用，气焊的应用范围越来越小，但在铜、铝等非铁金属及铸铁的焊接领域仍具有其独特的优势。气焊火焰是气焊的热源，产生气焊火焰的气体有可燃气体和助燃气体，可燃气体有乙炔、液化石油气等，助燃气体是氧气。气焊最常用的是氧气与乙炔燃烧产生的气体火焰，即氧乙炔焰。

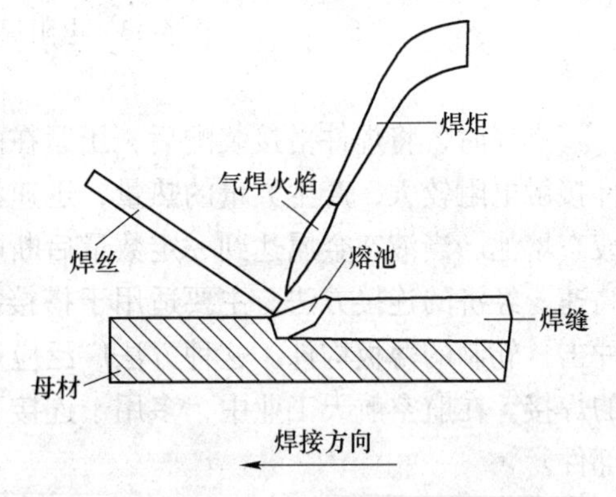

图 4-12 气焊原理示意图

气焊设备简单，操作方便，成本低，适应性强，在无电力供应的地方可方便焊接，可以焊接薄板、小直径薄壁管，焊接铸铁、非铁金属、低熔点金属及硬质合金时质量较好。但气焊火焰温度低，加热分散，热影响区宽，焊件变形大和过热严重，接头质量不如焊条电弧焊容易保证，生产效率低，不易焊较厚的金属，难以实现自动化。因此气焊目前在工业生产中主要用于焊接薄板、小直径薄壁管、铸铁、非铁金属、低熔点金属及硬质合金等。此外气焊火焰还可用于钎焊、喷焊和火焰矫正等。

4.3 压力焊方法与工艺

4.3.1 电阻焊

电阻焊是焊件组合后通过电极施加压力，利用电流通过接头的接触面及邻近区域产生的电阻热进行焊接的方法。电阻焊时，产生电阻热的电阻有工件之间的接触电阻、电极与工件的接触电阻和工件本身的电阻三部分。

电阻焊原理与电阻焊时电阻分布如图 4-13 所示。当焊件的两个表面相互压紧时，他们不是两个光滑的平面相接触，而是在个别凸出点接触，电流只能沿这些接触点通过，使得电流流过的截面积很少，从而形成接触电阻。由于接触面总是小于工件本身面积，并且焊件表面可能存在导电性较差的氧化膜或污物，因此接触电阻总是大于工件本身的电阻。电极与工件接触较好，故它们之间的接触电阻较小，一般可忽略。由此可见，电阻焊过程中，焊件间接触面上产生的电阻热是电阻焊的主要热源。电阻焊的分类方法很多，一般可根据接头形式和工艺方法、电流以及电源能量种类来划分，具体如图 4-14 所示。目前常用的电阻焊方法主要是点焊、缝焊、对焊和凸焊。

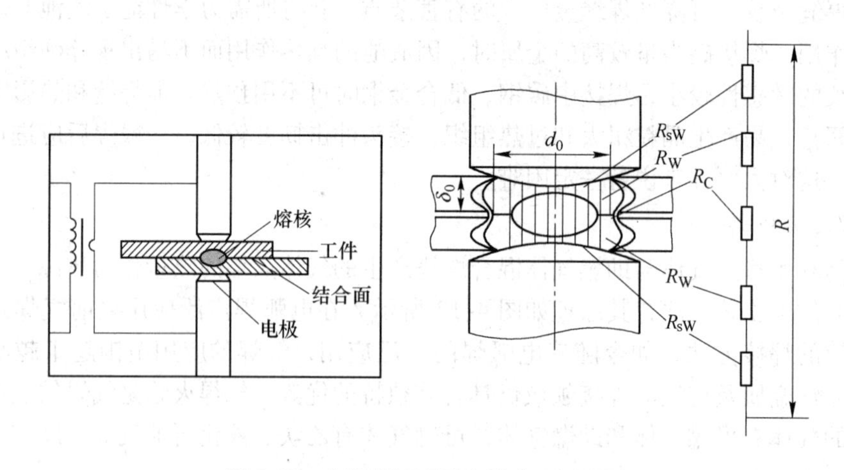

图 4-13 电阻焊原理及电阻分布示意图

点焊时，将焊件搭接装配后，压紧在两圆柱形电极间，并通以很大的电流，利用两焊件接触电阻较大，产生大量的热量，迅速将焊件接触处加热到熔化状态，形成似透镜状的液态熔池。当液态金属达到一定数量后断电，在压力作用下，冷却形成焊点。点焊是一种高速、经济的连接方法，主要适用于搭接接头，接头不要求气密、焊接厚度小于 3mm 的冲击、轧制的薄板构件。这种方法广泛应用于汽车驾驶室、金属车厢、家具等低碳钢产品的焊接。在航空航天工业中，多用于连接飞机、喷气飞机、喷气发动机、火箭、导弹等的部件。

缝焊与点焊相似，也是搭接接头。缝焊时以滚盘代替点焊时的圆柱形电极。焊件在滚

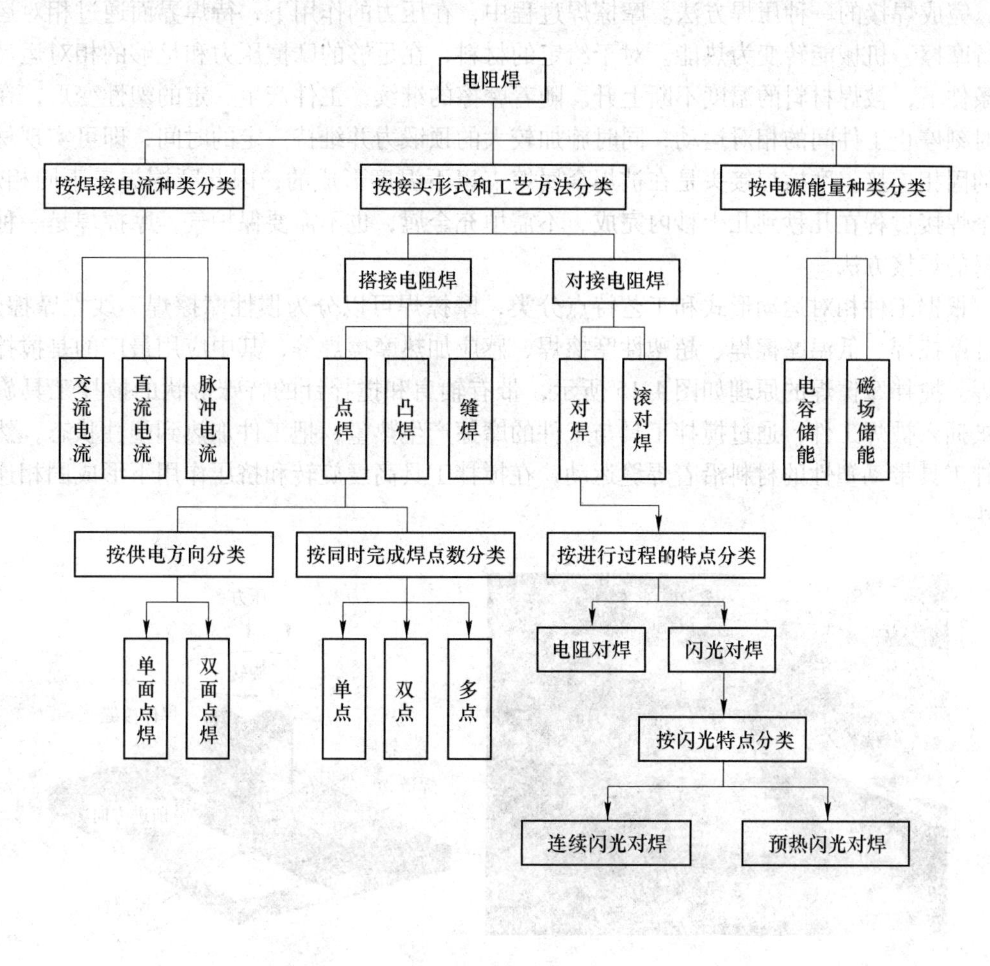

图 4-14 电阻焊分类

盘的带动下向前移动，电流断续或连续的由滚盘流过焊件时，即形成焊缝。缝焊由于焊点重叠多，因此分流很大，焊件不能太厚，一般不超过 2mm。缝焊广泛用于油桶、暖气片、飞机和汽车油箱以及喷气发动机、火箭、导弹中密封容器等薄板焊接。

对焊是将工件装配成对接接头，使其端面紧密接触，利用电阻热加热至塑性状态，然后迅速施加顶锻力从而完成焊接的方法。闪光对焊是对焊的主要形式，生产中应用非常广泛。闪光对焊时，将焊件置于钳口中夹紧后，先接通电源，然后移动可动夹头，使焊件缓慢靠拢接触，因端面个别点的接触而形成火花，加热到一定程度（端面有熔化层，并沿长度有一定塑性区）后，突然加速送进焊件，并进行顶锻，这时熔化金属被全部挤出结合面之外，而靠大量塑性变形形成牢固的接头。

凸焊是点焊的一种变形，是在工件的贴合面上预先加工出一个或多个突起点，使其与另一工件表面相接触并通电加热，然后压塌，使这些接触点形成焊点的电阻焊方法。

4.3.2 摩擦焊

摩擦焊是利用工件表面相互摩擦所产生的热，使端部达到热塑性状态，然后迅速顶锻，完成焊接的一种压焊方法。摩擦焊过程中，在压力的作用下，待焊界面通过相对运动进行摩擦，机械能转变为热能。对于给定的材料，在足够的摩擦压力和足够的相对运动速度条件下，被焊材料的温度不断上升。随着摩擦的继续，工件产生一定的塑性变形，在适当时刻停止工件间的相对运动，同时施加较大的顶锻力并维持一定的时间，即可实现材料间的固相连接。摩擦焊接头是在被焊金属熔点以下温度形成的，因此摩擦焊属于固相焊。整个焊接过程在几秒到几十秒内完成，不需填充金属，也不需要保护气，摩擦焊是一种低耗材的焊接方法。

根据工件相对运动形式和工艺特点分类，摩擦焊可以分为惯性摩擦焊、线性摩擦焊、搅拌摩擦焊、低温摩擦焊、超塑性摩擦焊、感应加热摩擦焊等，其中应用最广的是搅拌摩擦焊。搅拌摩擦焊的原理如图 4-15 所示，带有轴肩和搅拌针的特殊形状的搅拌工具旋转着被插入被焊工件，通过搅拌工具与工件的摩擦产生热量，把工件加热到塑性状态，然后搅拌工具带动塑性的材料沿着焊缝运动，在搅拌工具高度旋转和挤压作用下形成固相连接接头。

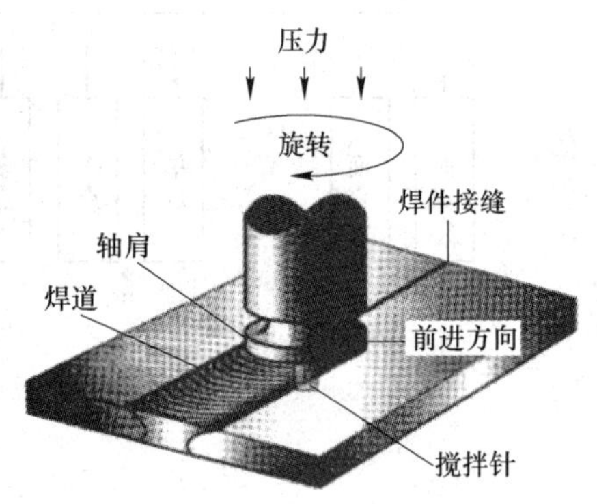

图 4-15 搅拌摩擦焊原理

摩擦焊对于接合表面的清洁度要求不像电阻焊那么严格，因为摩擦焊能破坏和清除工件表层。局部受热且不发生熔化使得摩擦焊比其他焊接方法更适用于异种金属焊接。摩擦焊属于固态焊，不产生与熔化和凝固相关的焊接缺陷，压力与扭矩的力学冶金效应使得接头晶粒细化、组织致密、夹杂物弥散分布，接头质量高。生产效率高，适合大批量生产，易实现机械化和自动化。电功率和总能量消耗比其他焊接方法小，是一种节能焊接方法。尺寸精度高。摩擦焊场地卫生，没有火花、弧光、飞溅、有害气体和烟尘，劳动环境好。但摩擦焊机一次性投资较大，对盘状薄零件和薄壁管件施焊困难。

4.3.3 扩散焊

扩散焊是在一定温度和压力作用下使待焊表面相互接触，通过微观塑性变形或通过待焊表面上产生微量液相而扩大待焊表面的物理接触，然后经过较长时间的原子相互扩散来实现结合的一种焊接方法。扩散焊可与其他热加工工艺联合形成组合工艺，如热轧扩散焊、粉末烧结扩散焊和超塑性成型扩散焊等。这些组合工艺不但能提高生产效率，而且能解决单个工艺不能解决的问题。扩散焊的接头性能可与母材相同，适合焊接异种金属材料、石墨和陶瓷等非金属材料、弥散强化高温合金、金属基复合材料和多孔性烧结材料等。

按照被焊材料的组合形式来分，扩散焊可分为有中间层扩散焊和无中间层扩散焊，而后者又可分为同种或异种材料扩散焊。如果根据焊接过程中接头是否出现过液相来分，可分为固相扩散焊和液相扩散焊。对每一类扩散焊根据其所使用工艺的不同又形成了很多种扩散焊方法，其中常用的是真空扩散焊、热等静压扩散焊等。

真空扩散焊是最常用的扩散焊方法之一，通常在真空扩散焊设备中进行。被焊材料或中间层合金中含有易挥发元素时不采用此焊接方法。由于设备尺寸限制，仅适用于焊接尺寸不大的工件。

热等静压扩散焊是在热等静压设备中进行的焊接。焊前将组装好的工件密封在薄的软质金属包裹中并抽真空，封焊抽气孔，然后将整个包裹置于加热室内加热，利用高压气体与真空气囊中的压力差对工件施加各向均衡的等静压力，在高温下完成扩散焊过程。

与传统焊接方法相比，扩散焊具有很多特点：扩散焊接头的显微组织和性能与母材接近或相同，不存在各种熔化焊特有的冶金不连续性和气孔缺陷等，也不存在热影响区，工艺参数容易控制，批量生产时接头质量稳定，接头质量高。零部件变形小，无须后续加工。一般所加压力比较小，没有宏观塑性变形，而且可以一次焊多个接头。扩散焊可以焊接其他焊接方法难以焊接的材料和工件。对于塑性差或熔点高的同种材料，对于相互不溶解，或在熔焊时产生脆性金属间化合物的异种材料，如弥散强化合金、活性金属、耐热合金、石墨、陶瓷和复合材料等，扩散焊是优先选择的焊接方法。焊接温度一般为 0.4 ~ 0.8 倍母材的熔化温度，因此排除了由于母材熔化而带来的影响。扩散焊可焊接大断面接头，但对零件待焊面的制备和装配要求较高。焊接热循环时间长，生产效率较低。设备一次性投资较大，而焊接工件的尺寸受到设备的限制。对焊缝的焊接质量尚无可靠探伤手段。

4.3.4 半固体加压反应钎焊

半固态加压反应钎焊的实质是钎料粉末的加压液相反应烧结过程，它综合了合金粉末液相烧结、加压液相烧结和液相反应烧结的特点。烧结是金属粉末、合金粉末或者它们的压坯，在适当的温度和气氛中受热所发生的现象或过程。在此过程中，发生一系列物理和化学变化，粉末颗粒的聚集体变为粉末晶粒的聚结体，从而获得所需物理、力学性能的材料。

液相烧结是指在烧结过程中出现少量液相的烧结过程，液相的出现加速了原子扩散过程，而且液相能填充烧结体内的孔隙，缩短烧结时间，增大烧结体密度。加压液相烧结是指除了气压以外还要额外施加压力进行的液相烧结。在液相烧结期间，对压坯施加一定的额外压力有助于其致密化和孔隙的消除，这种技术在润湿性比较差或者不稳定的化合物系统中具有重要意义。施加压力对于致密化过程中的颗粒重排阶段具有比较大的作用，在颗粒重排阶段，当液体的毛细管力增加时，致密化的速度加快，施加压力可以提高液体的毛细管力，因此施加压力可以提高致密化的速度，提高烧结密度。

液相反应烧结是指在烧结过程中发生化学反应，其特征是粉末组元间通过反应生成化合物。液相反应烧结按液相形成与化学反应的顺序可以分为两类：第一类是由组元 A 和 B 反应生成化合物 AB，在反应期间生成液相，其过程如图 4-16 所示；第二类是在烧结过程中，组元 A 先熔化，形成液相，组元 B 在整个烧结过程中始终保持固相状态，液相 A 将固相 B 颗粒包围起来，B 外围的原子不断向液相 A 中溶解，同时发生化学反应生成化合物 AB，其过程如图 4-17 所示。

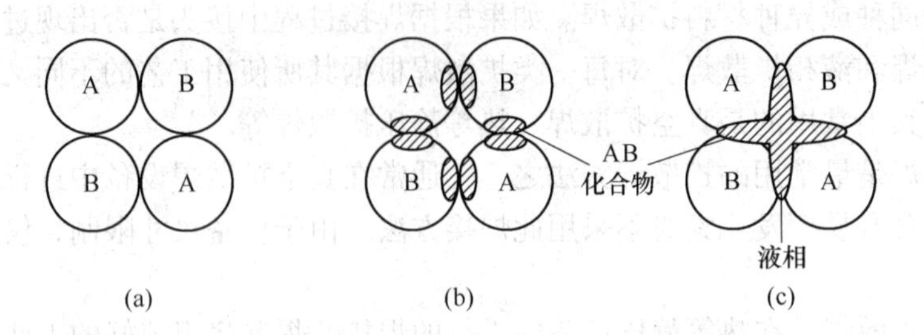

图 4-16　第一类液相反应烧结过程示意图

（a）初始状态的混合粉末；（b）固态扩散反应；（c）固 – 液快速反应

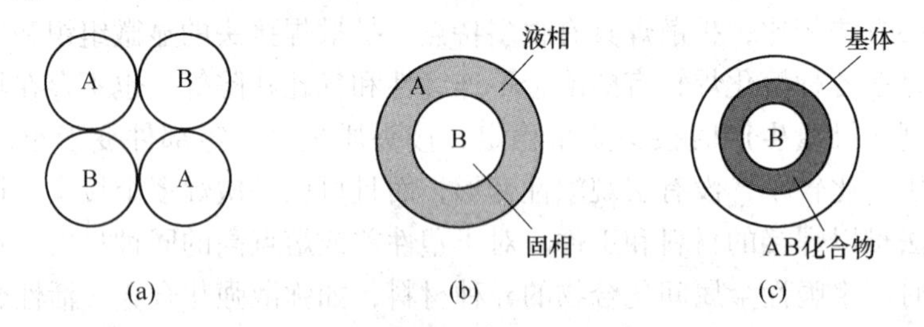

图 4-17　第二类液相反应烧结过程示意图

（a）初始状态的混合粉末；（b）液相 A 形成；（c）B 溶解于 A 并快速反应

半固态加压反应钎焊的实质是合金粉末的加压液相反应烧结过程，结合黄培云、郭庚辰等人对烧结过程的分析和研究的实际情况，可以将半固态加压反应钎焊过程分为四个阶段，图 4-18 表示其相应的阶段。

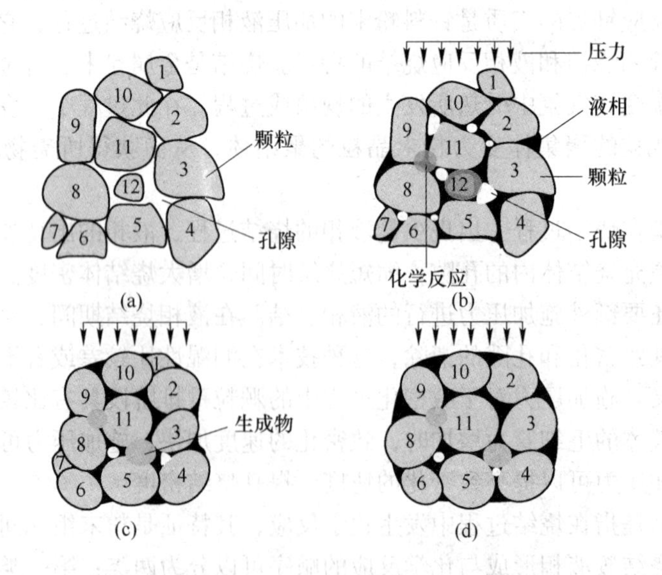

图 4-18　半固态加压反应钎焊过程的四个阶段

（a）黏结；（b）液相形成与颗粒重排；（c）固相溶解 – 再沉淀；（d）固相骨架形成阶段

第一阶段：黏结，如图4-18（a）所示。半固态加压反应钎焊初期，颗粒间的原始接触点或面转变成晶体结合，通过形核、结晶长大等原子过程形成烧结颈。在这个阶段，颗粒内的晶粒不发生变化。

第二阶段：液相形成与颗粒重排，如图4-18（b）所示。随着半固态加压反应钎焊的进行，大量原子向颗粒结合面迁移使烧结颈扩大，颗粒间距离缩小，形成连续的孔隙网络。当温度升高到共晶温度时，钎料中形成少量液相，并在部分区域发生化学反应。在此阶段中晶粒长大，晶界越过孔隙移动，被晶粒扫过的地方，孔隙消失，焊缝收缩，焊缝密度和强度增加，同时颗粒间孔隙中液相所形成的毛细管力以及外界施加的压力使得液相发生黏性流动，使颗粒调整位置，重新分布达到最紧密的排布。在此阶段，烧结体密度增大较多，同时，部分其他原子向液相中扩散溶解。

当温度继续升高到新的共晶温度时，在钎料中成分起伏达到共晶要求的区域形成更多的液相，液相在压力和毛细管力的作用下填充烧结颈间的孔隙，焊缝密度进一步增大。二次液相形成与孔隙填充阶段并不是所有半固态加压反应钎焊过程中都会出现的现象，如果钎料在整个热过程中没有第二种液相形成，则不具有二次液相流动和孔隙填充阶段；如果钎料在不同温度下会形成第二种、第三种，甚至更多种液相，则具有二次、三次，甚至更多次的液相形成和孔隙填充阶段。

第三阶段：固相溶解－再沉淀，如图4-18（c）所示。固相在液相中有一定的溶解度和扩散转移是溶解－再沉淀的必要条件。该过程的一般特征是显微组织的粗化，或者称Ostwald熟化。固相在液相中的溶解度随温度和颗粒的形状和大小而变化。小颗粒的溶解度高于大颗粒，因此小的颗粒优先溶解，颗粒表面的棱角和凸起部分（具有较大曲率）也优先溶解。在这种情况下，小的颗粒趋向减小，颗粒表面趋向平整光滑；相反，溶液中一部分过饱和的原子在大颗粒表面沉析出来，使大颗粒趋向长大。这就是固相溶解和析出即通过液相的物质迁移过程。溶解和析出过程的结果是，颗粒的外形逐渐趋于球形，小颗粒逐渐缩小或消失，大颗粒更加长大，这一过程使颗粒更加靠拢，整个烧结体发生收缩。与此同时，在压力作用下，孔隙形状逐渐趋于球形并不断缩小，发生闭孔隙球化和缩小。

第四阶段：固相骨架的形成，如图4-18（d）所示。经前面几个阶段作用后，颗粒之间相互靠拢、接触、黏结并形成连续骨架，液相则填充在骨架间隙之中。在此阶段，由于固相骨架的存在，其刚性阻碍了颗粒的进一步重新排列，使得烧结体致密化速度明显减慢，且骨架中存在较多孔隙，即使在压力作用下，这些孔隙也只能在一定程度上缩小，很难完全消失。尤其当液相不充足，或者液相在毛细管力和外界压力的作用下仍不能穿过颗粒间微小的孔隙进行渗透填充时，这些孔隙只能通过原子扩散作用进一步减小，其效力甚微。

半固态加压反应钎焊最大的特点是避开了对钎料润湿性的要求，且通过钎料设计可以获得原位增强的钎缝，提高钎缝力学性能；通过对钎缝原位增强效果的调控，可实现对钎缝热膨胀系数的调控，减小焊后接头中热膨胀系数差异，降低焊后残余应力；同时辅之以接头界面控制技术，可以获得界面结合强度高的接头。因此半固态加压反应钎焊特别适合复合材料和陶瓷自身及其与金属异种材料的焊接。

4.3.5 其他压焊方法

4.3.5.1 超声波焊

超声波焊是利用超声频率超过16kHz的机械振动能量和静压力，在共同作用下，连接同种或异种金属、半导体、塑料及金属陶瓷等的特殊焊接方法。金属超声波焊接时，既不向工件传输电流，也不向工件传输高热量，只是在静压力下将弹性振动能量转变为工件间的摩擦功、形变能及随后有限的温升。接头间的结合是在母材不发生熔化的情况下实现的，是一种固态焊。超声波焊在航空航天、电子工业、电器工业、新材料工业等领域具有广泛的应用。

超声波焊过程中，焊接件不通电，不外加热源，被焊金属不熔化，不形成铸态组织或脆性金属间化合物。焊接区金属物理和力学性能不发生宏观变化，接头的静载荷强度和疲劳强度较高。可焊的材料范围广，可用于金属与塑料等非金属材料的焊接。可焊大厚度比、多层箔片的特殊结构。对工件表面焊前处理的准备要求不严格，焊后无须进行热处理。焊接所需电能少，工件变形小。但超声波焊接方法由于受超声设备功率的限制，可焊的材料厚度有限。超声波焊接头只能采用搭接接头，不能采用对接接头。

4.3.5.2 爆炸焊

爆炸焊是以炸药为能源进行金属间焊接的方法。这种方法利用炸药爆炸时的能量，使被焊金属面发生高速倾斜撞击，在撞击面上造成一层薄层金属的塑性变形、适量熔化和原子间相互扩散等过程。

根据初始工艺安装方式不同，爆炸焊分为平行爆炸焊和角度爆炸焊两种基本形式，下面以平行爆炸焊为例，简单介绍爆炸焊的过程，其焊接装置及焊接过程如图4-19所示。如果想把覆板2焊到基板1上，基板需有质量较大的基础3（如钢砧座、沙、土或水泥台等）支托，覆板与基板之间平行放置且留有一定间距g，在覆板上面平铺一定量的炸药5。为了缓冲和防止爆炸时烧坏覆板表面，常在炸药和覆板之间放上缓冲保护层4，如橡胶、沥青、黄油等。此外，还须选择适当的起爆点来放置雷管6，用以引爆。炸药从雷管处开始并以v_D的爆轰速度向前爆炸，在爆炸力的作用下，覆板以v_P速度向基板碰撞，在碰撞点S处产生复杂的结合过程。随着爆炸逐步向前推进，碰撞点以速度v_{CP}向前移动，当炸药全部爆炸完毕时，覆板即焊接到基板上。

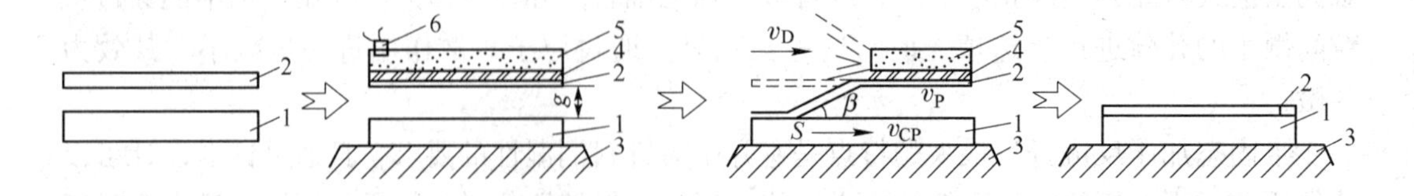

图4-19 爆炸焊过程示意图

1—基板；2—覆板；3—基础；4—缓冲保护层；5—炸药；6—雷管；β—碰撞角；S—碰撞点；v_D—炸药爆轰速度；v_P—覆板速度；v_{CP}—碰撞点速度；g—间距

4.4 钎焊方法与工艺

4.4.1 钎焊的原理

钎焊是采用比焊件熔点低的金属材料作为钎料，将焊件和钎料加热到高于钎料熔点，低于焊件熔点的温度，利用液态钎料润湿母材，填充接头间隙并与母材相互扩散实现连接的方法，其过程如图 4-20 所示。要获得牢固的钎焊接头，首先必须使熔化的钎料能很好地流入并填满接头间隙，其次钎料与焊件金属相互作用形成原子间结合。

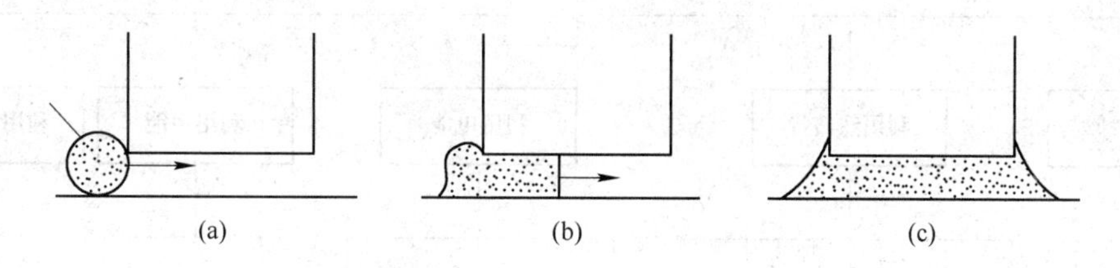

图 4-20 钎焊过程示意图

（a）放置钎料并加热；（b）钎料熔化并流入间隙；（c）钎料填满间隙并形成接头

（1）润湿作用。钎焊时，液态钎料对焊件浸润和附着的作用称为润湿作用。液态钎料对焊件表面的润湿作用越强，焊件金属对液态钎料的吸附力就越大，液态钎料就越容易在焊件上铺展，能更顺利地填满接头间隙。一般来说钎料与焊件金属相互形成固溶体或者化合物时润湿作用较好。图 4-21 为液态钎料对焊件的润湿情况。

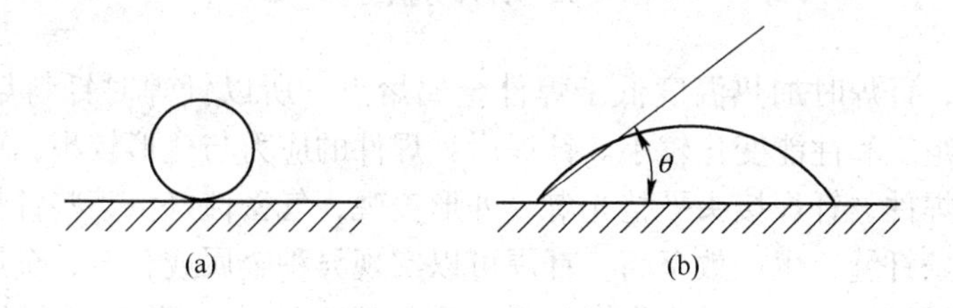

图 4-21 液态钎料对焊件的润湿情况

（a）不润湿；（b）润湿

（2）毛细作用。通常钎焊间隙很小，钎焊时，钎料依靠毛细作用在钎焊间隙内流动。熔化的钎料在接头间隙中的毛细作用越强，熔化的钎料的填缝作用也越强。间隙大小对毛细作用的影响也很大，间隙越小，毛细作用越强，填缝越充分。但是间隙过小，钎焊时焊件金属受热膨胀，反而使填缝受阻。

（3）钎料与焊件金属的相互作用。液态钎料在填充间隙的过程中，还会与焊件金属发生相互物理化学作用。一方面是焊件金属溶解于液态钎料，另一方面是液态钎料向焊件中扩散，这两个作用对钎焊接头性能的影响很大。

4.4.2 钎焊的分类、特点与应用

根据钎料熔化温度不同，钎焊被分为软钎焊和硬钎焊。一般把熔点在 450℃ 以下的钎

料称为软钎料，采用软钎料进行的钎焊称为软钎焊；将熔点在450℃以上的钎料称为硬钎料，采用硬钎料进行的钎焊称为硬钎焊。

钎焊方法通过产生必要的温度条件，确保匹配适当的母材、钎料、钎剂或气体介质间进行必要的物理化学过程，从而获得优质的钎焊接头。钎焊方法种类很多，特别是近几十年来钎焊技术的应用范围不断扩大，随着许多新热源的发现和使用，陆陆续续出现了许多新的钎焊方法。按照加热方式的不同，钎焊可以进行如图4-22所示的分类。

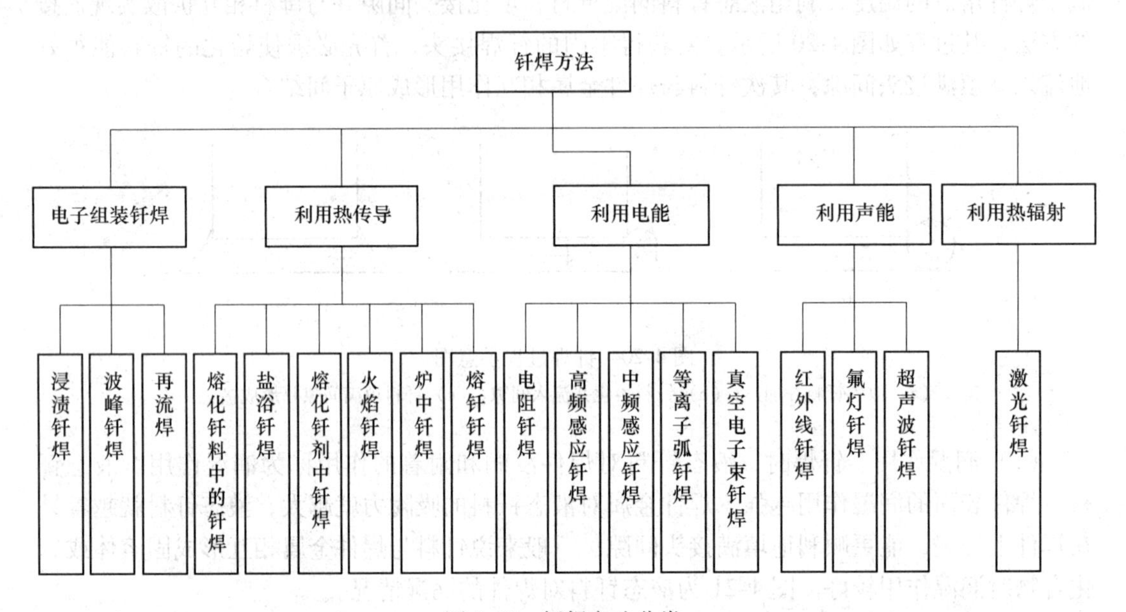

图4-22　钎焊方法分类

与熔焊相比，钎焊时加热温度低于焊件金属熔点，所以钎焊时钎料熔化，焊件不熔化，焊件的金属组织和性能变化较小。钎焊后，焊件的应力与变形较小，可用于焊接尺寸精度要求较高的焊件。钎焊接头平整光滑，外形美观，气密性好。某些钎焊方法可以一次焊成几条或几十条钎缝，生产效率高。钎焊可以实现异种金属或合金、金属与非金属的连接。但钎焊多采用搭接接头，接头强度较低，耐热能力较差，母材与钎料成分相差较大，容易引起电化学腐蚀。装配要求较高，且焊前准备工作要求较高，焊前清理要求严格。

钎焊不使基体金属熔化就能获得外形美观、尺寸精确的焊件，它可以连接不同种类的材料，接头综合性能较好。因此钎焊作为一种重要的连接技术，可以代替螺纹连接、铆接等方法，明显减轻结构件重量，在航空、航天、电子、信息、机械、冶金、能源、交通、家电等行业显现出越来越重要的作用。

4.4.3　常见的钎焊方法简介

4.4.3.1　炉中钎焊和真空钎焊

炉中钎焊是指将装配好钎料和钎剂的零件放在加热炉中进行钎焊的方法。按照钎焊过程中焊件所处的气氛不同可以分为空气炉中钎焊、保护气氛中钎焊及真空钎焊三大类。

空气炉中钎焊时，将预装有钎料和钎剂的焊件送入一般工业电炉、热处理炉中加热至钎焊温度，并适当保温，依靠钎剂去除焊件和钎料表面的氧化膜，以利用钎料在焊件表面的润湿。随着钎料的熔化铺展，填满接头间隙，待冷却后即可完成钎焊的全过程。空气炉中钎焊设备简单、成本低，但加热速度缓慢，焊件表面氧化严重，钎料熔点高及外形尺寸与接头质量大的工件则更为明显，因此其应用受到限制，可用于碳钢、合金钢的焊接。

保护气氛炉中钎焊根据不同保护气氛可分为还原性气体保护炉中钎焊和惰性气体保护炉中钎焊，常用的还原性气体有 N_2、CO、CO_2、H_2 等，常用的惰性气体有纯度（体积分数）不低于99.99%的氩气。

真空钎焊是一种特殊的炉中钎焊，真空炉中钎焊时焊件周围的气氛很纯净，当真空度为0.133Pa时，只含有0.000001%的残余气体，完全能防止氧、氢、氮等气体与母材和钎料的作用。真空钎焊的重要优点是钎焊质量高，可钎焊其他方法无法钎焊的材料，但不宜用于钎焊锌、镉、锂、锰、镁、磷等元素较多的钎料，也不适宜钎焊含有大量这些元素的焊件。真空钎焊无须使用钎剂，焊后也无须清理残渣，工件免受氧化，钎缝成型美观，是一种高质量的钎焊方法。

4.4.3.2 感应钎焊

感应钎焊原理如图4-23所示。钎焊时将待焊件置于感应线圈产生的交流磁场中，焊件便产生感应电流（涡流）而被加热。焊件内的感应电流与交流电的频率成正比。随着所用交流电频率的提高，感应电流也相应增大，焊件的加热速度也加快。感应钎焊用的多数是高频交流电，一般在10kHz以上。但由于频率越高，集肤效应也越明显，即焊件的加热深度越浅，焊件内部只能靠表面向内部的热传导来加热，这就造成了焊件受热不均匀的现象。

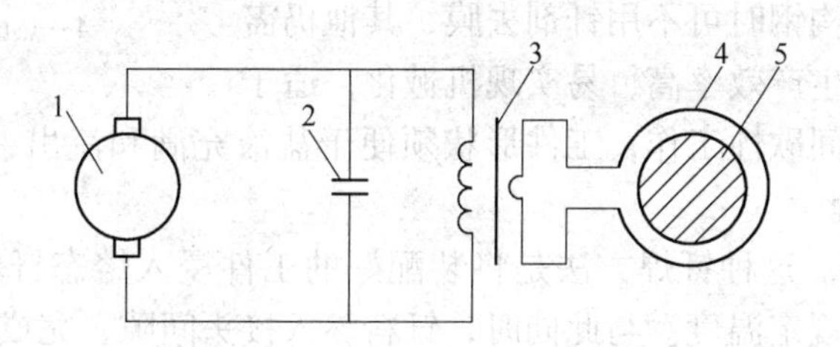

图4-23 感应钎焊原理示意图

1—交流电源；2—电容；3—变压器；4—感应圈；5—焊件

感应钎焊可选用各种形态的钎料，如箔状、丝状、粉状及膏状等钎料，以适应不同的钎焊场合。钎焊区可采用钎剂去除氧化膜和保护，也可以在保护气氛或真空环境中进行。

4.4.3.3 火焰钎焊

火焰钎焊是利用可燃气体或液体燃料的气化产物与氧或空气混合燃烧所形成的火焰来进行钎焊加热的。由于设备和工艺简单、燃气来源广、灵活性大，因而应用广泛。火焰钎焊主要用于铜基钎料、银基钎料来钎焊碳钢、低合金钢、不锈钢、铜及铜合金的薄壁和小型焊件，也可用于钎焊铝及铝合金。火焰钎焊所用的可燃气体可以是乙炔、丙烷、石油气、雾化汽油、煤气等，助燃气体可以为氧和压缩气体。最常用的火焰是氧乙炔焰。由于氧乙炔焰温度高，最高可达3000℃，而钎焊温度低很多，很少超过1200℃，常用火焰的外焰区来加热，该区火焰温度较低，体积较大，加热比较均匀。

火焰钎焊时，通常用手进给棒状或丝状的钎料，使用钎剂去膜。膏状钎剂或钎剂熔液便于使用，加热前可均匀地涂在焊件表面上。粉末状的钎剂则可借烧热的钎料棒来黏附，然后带到接头表面，这样有可能使母材在加热初期氧化。钎焊时，应先将工件均匀地加热到钎焊温度，然后再加钎料，否则钎料不能均匀地填充间隙。对于预置钎料的接头，也应先加热工件，避免因火焰与钎料直接接触，使其过早熔化。

4.4.3.4　浸渍钎焊

浸渍钎焊是将工件局部或整体浸入熔态的盐混合物（称盐浴）或钎料（称金属浴）中，液体介质隔绝空气保护工件不受氧化，利用液体介质的热量来实现钎焊。浸渍钎焊易实现机械化，还能同时完成淬火、渗碳等热处理。由于液体介质热容量大、导热快、能迅速而均匀地加热焊件，其钎焊过程一般不超过2min，因此生产效率高，工件变形、晶粒长大和脱碳等不显著，适用于大量生产。浸渍钎焊按液体介质不同分为盐浴钎焊和金属浴钎焊两类。

（1）盐浴钎焊。盐浴钎焊主要用于硬钎焊，要求盐液具有合适的熔化温度、成分和性能稳定，对工件起保护作用而无不良影响，一般情况下不选用相应的钎剂作为盐浴，而多使用氯盐的混合物。盐浴所用的盐浴槽如图4-24所示，盐浴槽内壁由耐盐液腐蚀的材料制成，通常为不锈钢或高铝砖，而钎焊铝用盐浴槽材料是碳钢或纯铜，电极材料采用石墨或不锈钢。在盐浴钎焊中，由于盐溶液的保护作用，对去膜的要求有所降低，但仅在用铜基钎料钎焊结构钢时可不用钎剂去膜，其他仍需使用钎剂。盐浴钎焊生产效率高，易实现机械化，适于批量生产，但不适于间歇性工作，工件形状须便于盐液充满和流出，成本高、污染严重，现已不大采用此方法。

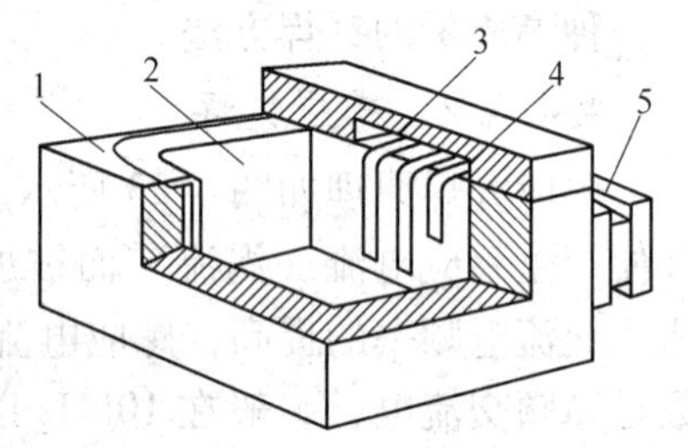

图4-24　盐浴槽示意图
1—炉壁；2—槽；3—电极；
4—热电偶；5—变压器

（2）金属浴钎焊。这种钎焊方法是将装配好的工件浸入熔态钎料中，依靠熔态钎料的热量使工件加热到规定温度。与此同时，钎料渗入接头间隙，完成钎焊过程。有两种施加钎剂的方法：一种是先将工件浸入钎剂熔液中，取出干燥后再浸入熔态钎料；另一种是在熔态钎料表面加一层熔态钎剂，工件通过熔态钎剂时就沾上了钎剂。为防止熔态钎剂失效，必须不断更换或补充新钎剂。

这种方法的优点是装配比较容易，不必安放钎料，生产效率高，适合于钎缝多而复杂的工件，如散热器等。但其缺点是工件表面沾满钎料，增加了钎料的消耗量，必要时还需清除表面不应粘留的钎料。由于钎料表面的氧化和母材的溶解，熔态钎料成分容易发生变化，需要不断精炼和进行必要的更新。金属浴钎焊由于熔态钎料表面易氧化，主要用于软钎焊。各种方式的金属浴钎焊在电子工业中应用甚广，并适应印刷电路板制作的需要，发展为机械化的波峰焊方法。

4.4.3.5　电阻钎焊

电阻钎焊又称为接触钎焊，是依靠电流通过钎焊处产生的热量来加热工件和熔化钎料的。电阻钎焊分直接加热和间接加热两种方式，如图4-25所示。直接加热电阻钎焊，钎焊处通过电流直接加热，加热快但要求钎焊面紧密贴合。间接加热电阻钎焊，电流只通过一个工件，另一个工件的加热和钎料的熔化依靠热传导来实现。也可将电流通过一个较大的石墨板，工件放在此石墨板上，依靠石墨板的传热实现加热。间接加热电阻钎焊灵活性较大，对工件接触面配合的要求较低，但加热速度慢，适宜于热物理性能差别大和厚度相差悬殊的工件，对钎焊面的配合要求可适当降低。

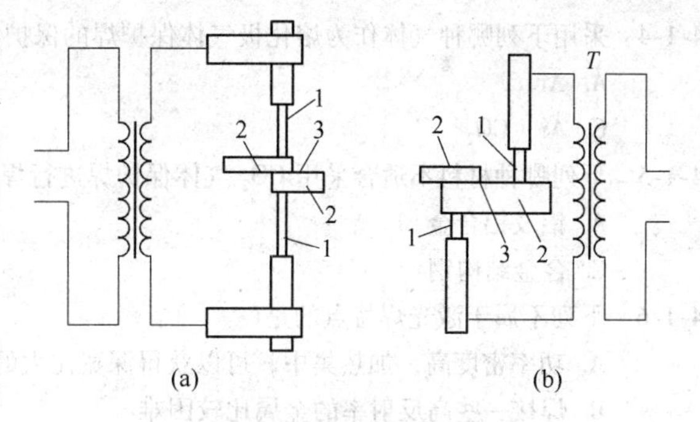

图4-25 电阻焊原理示意图

(a) 直接加热；(b) 间接加热

1—电极；2—焊件；3—钎料

电阻钎焊可在通常的电阻焊机上进行，也可采用专门的电阻钎焊设备和手焊钳。电阻钎焊的优点是加热快、生产率高，适于钎焊接头尺寸不大、形状不太复杂的工件，如刀具、带锯、导线端头、电触点、电动机的定子线圈以及集成电路块元器件的连接等。

参考文献

[1] 王宗杰. 熔焊方法及设备 [M]. 北京：机械工业出版社，2006.
[2] 邱葭菲. 焊接方法与设备 [M]. 2版. 北京：化学工业出版社，2014.
[3] 邱葭菲. 焊接方法与工艺 [M]. 北京：机械工业出版社，2013.
[4] 周慧琳，于汇泳. 焊接导论 [M]. 北京：机械工业出版社，2013.
[5] 李志勇，吴志生. 特种连接方法及工艺 [M]. 北京：北京大学出版社，2012.
[6] 洪松涛，林圣武，郑应国，等. 钎焊一本通 [M]. 上海：上海科学技术出版社，2014.
[7] 黄培云. 粉末冶金原理 [M]. 2版. 北京：冶金工业出版社，1997.
[8] 郭庚辰. 液相烧结粉末冶金材料 [M]. 北京：化学工业出版社，2003.
[9] 李亚江，刘鹏，刘强. 气体保护焊工艺及应用 [M]. 北京：化学工业出版社，2005.
[10] 雷世明. 焊接方法及设备 [M]. 北京：机械工业出版社，2007.

练习与思考题

4-1 选择题

4-1-1 焊接方法发展至今，种类繁多，按照焊接工艺特征，即焊接过程中母材是否熔化以及是否对母材施加压力进行分类，可以把焊接分为(　　)、压焊和钎焊三大类。

A. 电弧焊　　B. 熔焊

C. 熔化极气体保护焊　　D. 钨极氩弧焊

4-1-2 下列不属于焊条电弧焊特点的是(　　)。

A. 工艺灵活，实用性强，对于不同位置、接头形式、焊件厚度均能进行焊接

B. 焊条电弧焊的焊机结构简单，维护方便，轻便易移动，成本低

C. 焊缝质量主要依赖于焊工的操作技术、经验保证以及精神状态

D. 容易实现机械化，生产效率高

4-1-3 采用钨极氩弧焊焊接铝、镁及其合金时，电源最好采用(　　)。

A. 直流　　B. 交流

C. 直流正接　　D. 直流反接

4-1-4 采用下列哪种气体作为熔化极气体保护焊的保护气不属于 MAG 焊？(　　)

A. Ar　　B. $Ar + O_2$

C. $Ar + CO_2$　　D. $Ar + CO_2 + O_2$

4-1-5 下列哪种材料不适合采用 CO_2 气体保护焊进行焊接？(　　)

A. 铝及铝合金　　B. 碳钢

C. 合金结构钢　　D. Q235 钢

4-1-6 下列不属于激光焊特点的是(　　)。

A. 功率密度高，加热集中，可以获得深宽比大的焊缝

B. 焊接一些高反射率的金属比较困难

C. 焊接在真空室中进行，熔池周围气氛纯度高

D. 对焊件加工、组装、定位要求均很高

4-1-7 下列焊接方法中，不属于压焊的是(　　)。

A. 超声波焊　　B. 电阻焊

C. 爆炸焊　　D. 电渣焊

4-1-8 根据钎料熔化温度不同，钎焊被分为软钎焊和硬钎焊。一般把熔点在(　　)以下的钎料称为软钎料，采用软钎料进行的钎焊称为软钎焊；将熔点在该温度以上的钎料称为硬钎料，采用硬钎料进行的钎焊称为硬钎焊。

A. 180℃　　B. 350℃　　C. 450℃　　D. 540℃

4-1-9 下列焊接方法中，不宜用于有色金属焊接的是(　　)。

A. TIG 焊　　B. MIG 焊

C. 搅拌摩擦焊　　D. CO_2 气体保护焊

4-1-10 下列焊接方法中，哪种焊接方法不适用于仰焊？(　　)

A. 焊条电弧焊　　B. 埋弧焊

C. 钨极氩弧焊　　D. 搅拌摩擦焊

4-2 简答题

4-2-1 焊条电弧焊的参数主要有哪些？请简要介绍。

4-2-2 钨极氩弧焊的特点是什么？

4-2-3 请简述埋弧焊的应用。

4-2-4 钎焊的原理是什么？

4-2-5 摩擦焊的特点是什么？

4-2-6 什么是电阻焊？电阻焊时，其产生电阻热的电阻由哪几部分组成？

4-3 综合分析题

4-3-1 直流钨极氩弧焊时，为什么通常采用直流正接？焊接铝、镁及其合金时应该采用哪种电源极性，为什么？

4-3-2 埋弧焊有哪些主要焊接参数？试分析焊接电流、焊接速度、电弧电压对焊缝成型的影响。

5 常用金属材料的焊接

金属材料是运用最广、用量最大的材料之一，可分为黑色金属、有色金属和特种金属，其中黑色金属和有色金属是最为常用的金属，黑色金属包括铁、铬、锰及其合金，有色金属指除铁、铬、锰以外的所有金属及其合金。焊接作为一种实现材料永久性连接的方法，被广泛地应用于各种金属材料的焊接上，针对不同的金属材料在焊接方法的选择、焊接材料的选择、焊接工艺的制定上有所不同，本章主要介绍几种常用金属材料的焊接。

5.1 材料的焊接性

有些材料在焊接过程中可能出现裂纹、气孔、夹渣等缺陷，或者得到完整的接头而性能却达不到使用要求，这是材料的焊接性。因此，可以用材料的焊接性来描述材料焊接形成完整接头并达到预期使用要求的能力。

5.1.1 焊接性的概念

焊接性是指同质或异质材料在制造工艺条件下，能够焊接形成完整接头并满足预期使用要求的能力。其中包含了两方面的含义：一是焊后形成完整接头的能力，即结合性能；二是焊后在使用条件下可靠运行的能力，即使用性能。焊接性是一个相对的概念，对于一定的材料，在简单的工艺下，所得接头不产生缺陷，能够满足使用性能或满足技术条件要求，则认为其焊接性优良；如果必须采用复杂的焊接工艺才能实现优质焊接，则认为其焊接性较差。

根据焊接性的内容，焊接性可以分为工艺焊接性和使用焊接性。工艺焊接性是指材料在焊接过程中形成良好结合的能力，工艺焊接性好的材料在焊接过程中不易形成缺陷，而工艺焊接性差的材料在焊接过程中则易形成裂纹、气孔、夹渣等缺陷。使用焊接性是指焊接结构能够满足技术条件所规定的各种性能的能力，包括常规力学性能（强度、塑性、韧性等）或特定条件下的使用性能（低温韧性、持久强度、高温蠕变强度、耐蚀性、耐磨性等）。

对于熔化焊，根据材料在热作用下的行为，可将焊接性分为冶金焊接性和热焊接性。熔化焊接过程中，温度超过母材熔点的区域发生熔化，这一部分金属会经历一个冶金过程，如图 5-1 中区域 A 所示；而距焊缝较远的区域虽然受热作用但并没有发生熔化，这部分金属经历了一个复杂而有规律的热过程，如图 5-1 中区域 B 所示。

5.1.2 影响焊接性的因素

影响焊接性的因素很多，可归纳为材料、设计、工艺和服役环境四大因素。

材料因素不仅包括母材的化学成分、组织性能、热处理状态等，还包括焊接材料，比

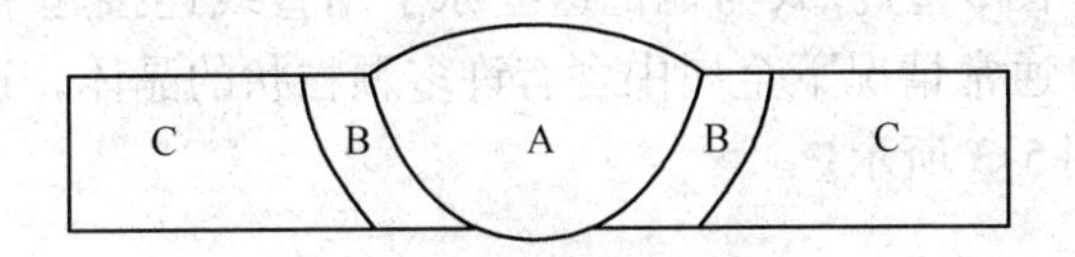

图 5-1 熔化焊接头示意图
A—焊缝；B—热影响区；C—母材

如焊条、焊丝、焊剂、保护气等。母材或焊接材料选择不合格，可能会导致气孔、裂纹、夹渣等焊接缺陷的产生，影响工艺焊接性。

设计因素是指焊接结构的设计，这会影响接头内部应力状态。比如在两块待焊母材都被固定的情况下进行焊接，焊缝金属受热熔化再凝固，凝固时，焊缝金属收缩，但母材两边受到拘束，不能自由移动，使得焊缝金属受到拉伸，冷却后产生较大的残余应力。焊接结构设计时应尽量使接头处的拘束度较小，避免接头处的缺口、截面突变、交叉焊缝等。

工艺因素包括焊接方法和工艺措施。焊接方法包括焊接热源能量密度的大小、保护方式（渣保护、气保护、渣气联合保护、真空）、保护气种类（氩气、二氧化碳、氮气等）。工艺措施包括预热、焊后缓冷、焊后热处理等，由此防止焊接缺陷的产生。

服役环境是指焊接结构的工作温度、负荷条件（动载、静载、冲击等）和工作环境（化工区、沿海区及腐蚀介质等）。

5.1.3 焊接性试验

评定母材焊接性的试验称为焊接性试验，如焊接裂纹、接头使用性能、应力腐蚀等。由于裂纹是焊接接头中最危险的缺陷，因此用得最多的焊接性试验是裂纹试验。开展焊接性试验的目的主要是以较小的代价探明以下问题：(1) 选择适用于母材的焊接材料；(2) 确定合适的焊接工艺，包括焊接方法、焊接热输入量、焊接速度、预热温度、层间温度、焊后缓冷、焊后热处理等；(3) 开发和研究新型材料和焊接材料。焊接性试验主要有焊缝金属抵抗热裂纹产生的试验、焊缝金属和热影响区金属抵抗冷裂纹产生的试验、焊接接头抵抗脆性转变的试验、焊接接头的使用性能等。

5.2 常用钢材的焊接

钢是对含碳质量分数介于 0.02% ~2.11%之间的 Fe-C 合金的总称，实际生产中一般会根据用途向其中加入不同的合金元素，如锰、硅、铬、镍等。在学习钢的焊接前先介绍与其相关的一些基础知识。

（1）金属的力学性能。常用的力学性能指标有强度、硬度、塑性和韧性等。强度是金属在破坏前承受的最大应力（应力是力在面积上的平均值），用 R_{eL} 表示，单位 MPa。硬度是衡量金属材料软硬的指标。塑性是金属材料在载荷作用下，产生塑性变形（不可逆变形）而不破坏的能力。韧性是金属材料在塑性变形和断裂过程中吸收能量的能力，韧性越好，发生脆性断裂的可能性越小。

（2）晶体结构。通常金属材料的原子按一定的规律排列，形成晶胞，如体心立方晶胞、面心立方晶胞等（图5-2）。人为地把这些原子用直线连接起来形成晶格，晶胞按规律堆叠起来形成晶体。通常情况下金属中含有许多颗粒状的晶体，这种不规则的颗粒状小晶体被称为晶粒，如图5-3所示。

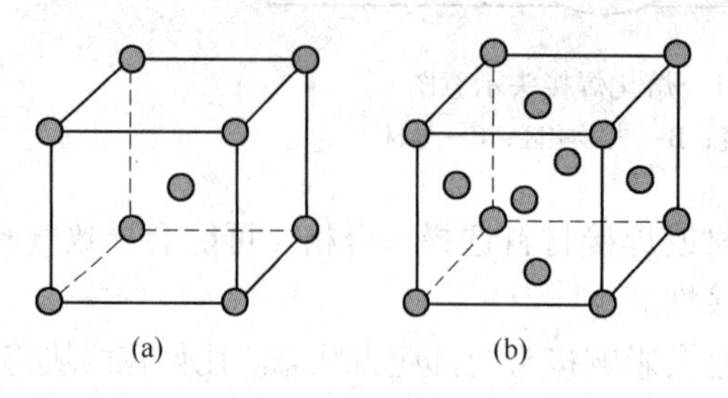

图5-2 常见的晶体结构
（a）体心立方；（b）面心立方

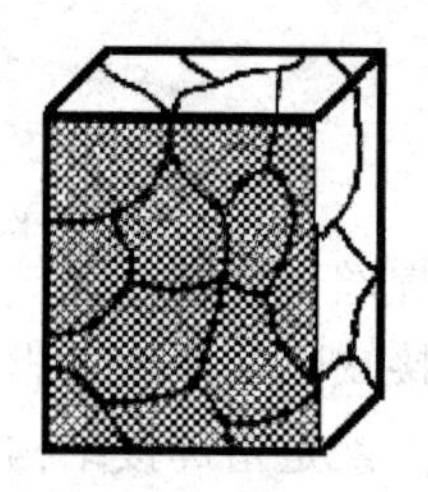

图5-3 晶体中晶粒示意图

（3）铁碳合金基本相。相是指合金中结构相同、成分和性能均一，并由界面相互分开的组成部分。铁素体（α-Fe）由溶碳能力最大为0.0218%的体心立方晶体组成，与纯铁相似，塑性、韧性较好，强度、硬度较低。奥氏体（γ-Fe）由溶碳能力最大为2.11%的面心立方晶体组成，硬度较低，塑性较高。渗碳体是铁与碳形成的Fe_3C金属化合物，硬度很高，塑性和韧性几乎为0，存在形式有粒状、球状、网状和细片状。马氏体是C原子在α-Fe中过饱和形成的，是体心立方结构。工业上常提到的珠光体是铁素体和渗碳体的混合组织。

（4）钢的热处理。热处理方法很多，如退火、正火、淬火、回火、渗碳、渗氮等，是为了使材料达到某些预期性能、防止缺陷产生等目的而进行的操作。热处理是由加热、保温、冷却三个基本阶段组成的。在这个过程中材料经常会发生组织转变、晶粒大小变化等现象，以此来改变材料的组织性能。具体内容可以参照《金属学热处理》进行学习。

5.2.1 碳素钢的焊接

碳素钢是以铁为基础，添加少量碳（$w(C) \leqslant 1.3\%$）的铁碳合金，简称碳钢。按照含碳量碳钢被分为低碳钢（$w(C) \leqslant 0.30\%$）、中碳钢（$0.30\% \leqslant w(C) \leqslant 0.60\%$）和高碳钢（$w(C) \geqslant 0.60\%$）。碳钢被广泛用于船舶、车辆、桥梁、锅炉、压力容器、民用建筑、机械等行业，是用量大、应用范围广的一类钢材。碳钢的焊接性主要取决于碳含量，随着碳含量的增加，焊接性变差，如表5-1所示。

表5-1 碳钢的焊接性与含碳量的关系

名称	含碳量/%	典型用途	焊接性
低碳钢	0.15	特殊板材和型材薄板、带材、丝材	优
	0.15～0.30	结构用型钢	良
中碳钢	0.30～0.60	机械部件和工具	中（通常需要预热和后热，推荐使用低氢焊接方法）
高碳钢	0.60	弹簧、模具、钢轨	劣（必须用低氢焊接方法、预热和后热）

5.2.1.1 低碳钢的焊接

低碳钢中的碳、锰、硅含量小，通常情况下不会因焊接而引起接头组织硬化。低碳钢焊接接头的塑性和韧性也很好，一般情况下焊前不需要预热，焊接完成时不需要后热，焊后也不必进行热处理，整个焊接过程中不需要特殊的工艺措施。但有些情况也会使低碳钢焊接性变差，具体如下：(1) 低碳钢母材不合格，碳、硫含量过高时，可能出现焊接裂纹；(2) 采用旧冶炼方法生产的转炉钢，因氮含量高，杂质较多，焊接性变差；(3) 沸腾钢由于脱氧不完全，局部硫磷偏析大，焊接热裂纹倾向较大；(4) 焊接方法及工艺不当时，如埋弧焊热输入较大时，会使焊接热影响区晶粒粗大，韧性明显降低。

低碳钢几乎可以采用所有的焊接方法进行焊接，并都能保证较好的焊接质量，其中用得最多的方法是焊条电弧焊、CO_2 气体保护焊、埋弧焊、电渣焊等。

(1) 焊条电弧焊。低碳钢的焊条选择主要根据母材的强度等级以及焊接结构的工作条件来决定。低碳钢常用的焊条选用如表 5-2 所示。当母材厚度较大或环境温度较低时，由于焊缝金属和热影响区冷却较快，焊前需要对焊件进行预热，预热温度一般为 100~150℃。

表 5-2 低碳钢常用焊条的选用

钢　号	焊条型号及牌号	
	一般焊接结构	重要焊接结构
Q215、Q235、08、10、15、20、Q255	E4313 (J421)、E4303 (J422)、E4301 (J423)、E4320 (J424)	E4316 (J426)、E4315 (J427)、E5016 (J506)、E5015 (J507)
25、20g、20R	E4316 (J426)、E4315 (J427)	E5016 (J506)、E5015 (J507)

(2) 埋弧焊。低碳钢埋弧焊的焊丝和焊剂选用如表 5-3 所示。

表 5-3 低碳钢埋弧焊焊丝和焊剂的选用

钢号	埋弧焊焊丝和焊剂	
	焊丝	焊剂
Q235	H08A	HJ430、HJ431
Q255	H08A	SJ301、SJ501
Q275	H08MnA	SJ401
15、20	H08A、H08MnA	HJ430、HJ431
25、30	H08MnA、H10Mn2	SJ301、SJ501、SJ503
20g、20R	H08MnA、H10Mn2	SJ401、SJ403

(3) 气体保护焊。低碳钢气体保护焊一般采用含锰和硅的焊丝，如 H08Mn2Si、H08Mn2SiA 等。保护气一般用 CO_2 气体，为了提高和改善焊接工艺性能，也可采用 Ar + CO_2 混合气体，常用的是 CO_2 和 Ar 体积比为 2∶8 的混合气体。

低碳钢焊前要清理接缝两侧母材表面的锈、水、油污等杂质，焊条和焊剂必须按规定烘干。当焊件拘束度很大或板厚大时，应进行预热和焊后消除应力，具体参数如表 5-4 所示。当焊接在低温环境下进行时，焊前也应该采取预热措施，对于多层多道焊还应该保持一定的层间温度。具体如表5-5所示。

表5-4　低碳钢焊前预热和焊后消除应力处理温度

钢号	板厚/mm	预热温度/℃	消除应力处理温度/℃
Q235、Q235F、Q255	50	50	—
08、10、15、20	50~90	100	600~650
25、20g、20R	40	50	600~650
	60	100	

表5-5　低温环境下焊接低碳钢时的预热温度

环境温度/℃	焊件厚度/mm		预热温度/℃
	钢结构	管道、压力容器	
-30以下		16	100~150
-20~-30	30	17~30	100~150
-10~-20	35~50	31~40	100~150
0~-10	51~70	51~80	100~150

5.2.1.2　中碳钢的焊接

常见的中碳钢有35钢、45钢、55钢等，其碳含量较高，焊接性较差，焊接热影响区易产生脆硬马氏体组织，导致冷裂倾向严重；当焊缝金属硫、磷含量较高时，会有热裂纹倾向。

中碳钢常用的焊接方法是焊条电弧焊，焊接时通常应采用低氢型焊条，常用的中碳钢焊条是J506或J507焊条。当不要求焊缝强度与母材相等时，可采用J426或J427焊条，它们的强度等级为490MPa级，如此可以简化焊接工艺，降低接头对裂纹的敏感性。在一些特殊情况下可以选用镍铬不锈钢焊条，如A302、A307、A402、A407等，利用其良好的塑性降低接头对裂纹的敏感性，但焊条成本高。埋弧焊和电渣焊热输入大，冷却速度较小，也可以用于焊接中碳钢，一般也需要预热和焊后热处理，但对预热和焊后热处理的要求不如采用焊条电弧焊时高。焊前要按照规定对焊剂进行烘干。

焊接过程中应采取严格的工艺措施，如控制预热温度和层间温度，尽量采用小的焊接电流及慢的焊接速度等。尤其是焊件结构拘束度较大或板厚较大时，预热有利于降低热影响区硬度，防止产生冷裂纹，并能改善接头塑性。如果采用局部预热则加热范围为接缝两侧150~200mm左右。预热温度的选择主要依据母材碳含量、焊件大小及厚度、焊接参数、焊件拘束度等。35钢、45钢的预热温度可在150~250℃之间选择，焊件拘束度较大时应提高到250~300℃。焊后应立即进行消除应力热处理，如果不能立即消除，则应进行后热处理（待焊件冷却到300~400℃时保温1~2h）。

另外，可在焊接过程中轻敲焊缝金属表面，以减小残余应力，细化晶粒；对于形状复杂的焊缝或较长的焊缝，可以分段跳焊；收弧时，电弧慢慢拉长，防止弧坑裂纹。

5.2.1.3　高碳钢的焊接

高碳钢含碳量高，脆硬倾向大，冷裂纹敏感性高，焊接性很差，一般很少用于焊接结构。高碳钢的焊接一般用于硬度大或耐磨部件、零件和工具的修复，因此其常用的焊接方法是焊条电弧焊，焊接材料一般不选用碳含量高的，常采用 E7015-D2(J707) 或 E6015-D2(J607)，要求不高时可用 E5016(J506) 或 E5015(J507) 等焊条。必要时可选用镍铬不锈钢焊条，如 E308-16(A102)、E308-15(A107)、E309-16(A302)、E309-15(A307)、E310-16(A402)、E310-15(A407) 等。

高碳钢一般用于高硬度耐磨件，通常是经过热处理的，因此焊前应先进行退火处理。高碳钢焊前必须进行预热，预热温度一般在 250~350℃以上，具体根据焊件厚度、拘束度而定，多层焊的层间温度应不低于预热温度。高碳钢焊接时尽量采用小电流、低焊接速度，对于焊接应力较大的情况可采用焊后锤击法降低残余应力。

5.2.2 合金结构钢的焊接

用于机械零件和各种工程结构的钢材统称为结构钢，最开始采用碳素钢作为结构钢，但随着科学技术的发展，对结构用钢提出了更高的要求，对一些在特定条件下使用的结构钢还需要具备一些特殊的性能，如耐热、耐低温、耐腐蚀、耐磨等。因此在碳素钢的基础上加入一定量的合金元素从而构成合金结构钢。合金元素的加入主要是为了保证足够的塑性和韧性的条件下获得不同强度等级，同时改善其焊接性能。合金结构钢具有强度高，塑性、韧性和焊接性较好的特点，被广泛运用于压力容器、工程机械、石油化工、桥梁、船舶制造和其他钢结构，在经济建设和社会发展中发挥着重要的作用。

5.2.2.1 合金结构钢的分类

按照化学成分，将合金元素总含量不超过5%的合金结构钢称为低合金钢，合金元素总含量在5%~10%的合金结构钢称为中合金结构钢，合金元素总含量大于10%的合金结构钢称为高合金结构钢。对于焊接生产中常用的合金结构钢，综合其性能和用途后，大致可分为强度用钢和低中合金特殊用钢两大类。强度用钢是指屈服强度 $R_{eL} \geqslant 295$MPa 的合金结构钢，主要包括热轧及正火钢、低碳调质钢、中碳调质钢；低中合金特殊用钢指珠光体耐热钢、低温钢、低合金耐蚀钢等。

低合金钢的表示由屈服强度汉语拼音首字母、屈服强度数值和质量等级3部分组成。如质量等级为A的16Mn钢的牌号为Q345A。按照屈服强度低合金高强度钢分为Q345、Q390、Q420、Q460、Q500、Q550、Q620、Q690共8个等级。按对钢材韧性的不同要求，低合金钢质量分为A、B、C、D、E五个等级，A级不做冲击试验，其余4个等级要做冲击试验。

5.2.2.2 热轧及正火钢的焊接

热轧钢及正火钢包括热轧钢和正火钢。当正火钢中含钼时需在“正火+回火”条件下才能保证良好的塑性和韧性，因此正火钢又分为在正火状态下使用和在“正火+回火”状态下使用的两类。强度介于295~390MPa的钢，大都属于热轧钢。热轧钢主要以Mn、Si元素的固溶强化提高钢材强度。在低碳含量条件下，锰含量不大于1.6%，硅含量不大于0.6%时，具有良好的塑性、韧性。

正火状态下使用的钢除了15MnTi以外，主要是含V、Nb的钢。这类钢利用Nb、V、Ti元素与C、N容易反应生成碳、氮化物弥散质点所起到的沉淀强化和细化晶粒作用来使钢材达到良好的综合性能。Nb、V、Ti元素与C的结合，降低了钢材中的含碳量，这有利于提高钢材的韧性和焊接性。

正火+回火状态下使用的钢中一般加入0.5%的钼以提高强度、细化组织，并提高钢的中温耐热性能，但含钼钢在正火后往往韧性和塑性指标不高，必须在回火后才能获得良好的塑性和韧性。大多数含钼钢在Mn-Mo的基础上再加入Ni或Nb，Ni可以提高厚板的低温韧性，Nb可以进一步提高钢的强度。

A 热轧及正火钢的焊接性

这类钢在热轧或正火状态下使用，属于非热处理强化钢，碳和合金元素的含量都较低，总体来说焊接性较好。但随着合金元素含量的增加，焊接性变差，可能产生裂纹等缺陷。热轧及正火钢焊接缺陷及防止措施见表5-6。

表5-6 热轧及正火钢焊接缺陷及防止措施

缺陷	产生原因	防止措施
焊缝中的结晶裂纹	母材成分不合适，碳与硫同时居上限或存在严重偏析	在提高焊缝含锰量的同时降低碳、硫的含量，选用脱硫能力较强的低氢型焊条，降低熔合比
冷裂纹	冷却速度较高时发生	控制热输入、降低氢含量、预热、后热处理
热裂纹	热裂纹倾向较小，与钢中的碳、硫、磷等含量偏高有关	减少母材在焊缝中的熔合比
层状撕裂	与钢的冶炼质量、板厚、接头形式和钢板厚度方向承受的拉伸应力有关	选择层状撕裂敏感性小的钢材；改善接头形式减轻Z向承受的应力应变；选用强度级别较低的焊接材料；预热
粗晶区脆化	晶粒长大或因魏氏组织中马氏体比例的增大而降低韧性	含碳量比较少的热轧钢，采用小的焊接线能量，含碳量偏高的热轧钢，焊接线能量要选得适中
热应变脆化	易于在最高加热温度为200～400℃范围的热影响区产生	在钢中加入氮化物形成元素，形成氮化物，降低脆化倾向或采取退火处理

B 焊接材料的选择

低合金钢选择焊接材料时必须考虑两方面问题：一是不能有裂纹等焊接缺陷；二是能满足使用性能要求。选择焊接材料的依据是保证焊缝金属的强度、塑性和韧性等力学性能与母材相匹配。

热轧及正火钢焊接一般根据其强度级别选择焊接材料，而不要求与母材成分相同，其要点如下：（1）力学性能匹配要求。选择与母材力学性能匹配的相应级别的焊接材料，也就是说焊缝的强度与母材相等或略低于母材，即按照“等强匹配”的原则为热轧及正火钢选择焊接材料。（2）成分要求。为了防止裂纹及焊缝强度过高，焊缝中的碳含量不超过0.14%，其他合金元素的含量也低于母材。（3）考虑熔合比和冷却速度的影响。熔合比是指熔焊时，被熔化的母材在焊缝金属中所占的体积百分比。熔合比的不同会影响焊缝的力学性能，在选择焊接材料时应予以考虑。坡口形式和母材板厚会影响熔合比，因此选择焊接材料时也应将其纳入考虑范围。（4）考虑焊后热处理对焊缝力学性能的影响。焊后热处理（如消除应力退火），可能会降低焊缝强度，因此在选择焊接材料时应选择强度高一些的焊接材料，留出充足的余量。

为了防止氢气孔和氢致裂纹的产生，应尽量保证焊接过程的低氢条件，焊丝应严格去油、防潮，保护气含水分较多时应进行干燥处理。

C 焊接工艺的确定

（1）焊接热输入。焊接热输入通常用焊接线能量来表示，焊接线能量是指焊接时由焊接能源给单位长度焊缝上的热量。焊接热输入主要根据母材的脆化倾向和冷裂倾向两个因素来决定。对于含碳量较低的热轧钢，如 Q295，其脆化倾向和冷裂倾向较小，对焊接热输入没有严格的限制。对于含碳量较高的热轧及正火钢，如 Q345，其淬硬倾向大，采用小热输入时，冷裂倾向增大，过热区脆化也变得严重，理论上来说热输入偏大一些比较好。但在加大热输入、降低冷却速度的同时，会引起接头区过热（加大热输入对降低冷却速度的效果有限，而对增大接头区过热的效果明显），这种情况下采用大热输入不如采用预热 + 小热输入的方式有效。预热温度控制合理时，既能避免裂纹的产生，又能防止焊缝过热导致的晶粒粗大。对于一些含 Nb、V、Ti 的钢来说，为了避免沉淀相的融入以及晶粒过热引起的脆化，应采用较小的热输入。

（2）焊接方法的选择。适用于热轧及正火钢焊接的典型焊接方法有焊条电弧焊、埋弧焊、电渣焊、CO_2 气体保护焊、非熔化极惰性气体保护焊（TIG）、熔化极惰性气体保护焊（MIG）、熔化极活性气体保护焊（MAG）。

（3）预热。预热是为了降低冷却速度，降低热影响区硬度，帮助焊缝金属中氢的逸出。但预热常常会恶化劳动条件，使生产工艺复杂化，不合理或过高的预热会恶化接头性能。通常预热温度与钢材的成分、板厚、焊条类型、接头拘束度以及环境温度等因素有关。

（4）焊后热处理。除电渣焊因接头区严重过热需要进行正火处理外，一般应根据具体使用要求来考虑是否需要进行焊后热处理及其具体工艺。通常热轧及正火钢不需要焊后热处理，但对抗应力腐蚀和低温下使用的焊接结构等焊后需要消除应力的结构需要进行高温回火。

5.2.2.3 低碳调质钢的焊接

调质是一种“淬火 + 高温回火”的改善钢材综合性能的热处理工艺，它的目的是使钢材既具有高的强度又具有良好的塑性、韧性和切削性能。一般为了提高钢材的综合性能，仅靠添加合金元素是达不到理想效果的，通常会引起塑性和韧性下降，只有少数元素（如 Mn、Ni 等）在一定范围内能在提高强度的同时对韧性也有所改善。依靠 Nb、V、Ti 与 C、N 元素形成碳、氮化物而产生沉淀强化的话，往往会降低钢材的塑性和韧性。因此热轧及正火钢的强度受到了限制，必须通过热处理强化才能在保证足够的韧性和塑性的条件下进一步提高强度。一般来说屈服强度不低于 490MPa 的钢都是热处理强化钢。

低碳调质钢的屈服强度一般为 440 ~ 980MPa，属于热处理强化钢，要求碳含量低于 0.25%，一般不超过 0.22%，一般会加入 Cr、Ni、Mn、Mo、V、Nb、Ti、B 等多种合金元素。

A 低碳调质钢的焊接性

低碳调质钢主要作为高强度的焊接结构用钢，因此其含碳量限制得较低，在合金成分设计上也考虑到了焊接性的要求。所以这类钢焊接时的主要问题和工艺要求基本上和正火钢类似。但这类钢属于热处理强化钢，对热反应灵敏，因此在焊接中需要采取的防止焊接缺陷及热影响区性能变化的措施，都比热轧及正火钢复杂些，具体见表5-7。

表5-7 低碳调质钢的焊接缺陷及防止措施

缺陷	产 生 原 因	防 止 措 施
热裂纹	C含量较低，Mn含量较高，S、P含量控制严格，热裂纹倾向小。但高Ni低Mn型钢种有一定的热裂纹敏感性	控制C和S的含量，保证Mn、S比。采用小热输入，注意控制熔池形状、减小熔合区凹度
冷裂纹	由于冷却速度较高，在焊接应力的作用下很可能产生冷裂纹	高温时采用较高冷却速度，适当降低马氏体转变点附近的低温冷却速度
再热裂纹	Cr、Mo、V、Nb、Ti、B等提高再热裂纹敏感性的元素引起的	降低退火温度、适当预热或后热等
热影响区脆化与软化	由于铁素体、高碳马氏体和高碳贝氏体组成的混合组织使过热区严重脆化。焊前回火温度过低引起软化	避免或减少先共析铁素体的析出，选择合适的冷却速度和热输入避免脆化。选择合适的焊前回火温度以减小软化区
层状撕裂	主要取决于钢材的冶炼质量，钢中的片状硫化物与层状硅酸盐或大量成片密集于同一平面内的氧化物	选择层状撕裂敏感性小的钢材，减小Z向所承受的应力应变，选用强度级别较低的焊接材料，采用预热等

B 焊接材料的选择

保证接头区的强度性能是低碳调质钢焊接材料选择过程中首先要考虑的问题。由于低碳调质钢焊后一般不再进行热处理，因此在选择焊接材料时，要求所得到的焊缝金属在焊态下应具有接近母材的力学性能。特殊情况下，如结构的刚度很大，冷裂纹很难避免时，应选择比母材强度稍低的焊接材料。

C 焊接工艺的确定

低碳调质钢是热处理强化钢，只要加热温度超过回火温度，性能就会发生变化，焊接过程中，由于热循环的作用使热影响区的强度和韧性下降几乎是不可避免的。所以低碳调质钢焊接过程中特别要注意两个问题：一是防止裂纹产生，二是在保证高强度的同时，提高焊缝金属和热影响区的韧性。为了解决这些问题，要求冷却速度不能太快，且在500～800℃之间的冷却速度大于产生脆性混合组织的临界速度。

（1）焊接方法的选择。焊接屈服强度$R_{eL}\geqslant 980$MPa的低碳调质钢，采用钨极氩弧焊、电子束焊等焊接方法可以获得最好的焊接质量；对于屈服强度$R_{eL}\leqslant 980$MPa的低碳调质钢，焊条电弧焊、埋弧焊、熔化极气体保护焊、钨极氩弧焊等都能采用；但对于屈服强度$R_{eL}\geqslant 686$MPa的低碳调质钢，熔化极气体保护焊（如$Ar+CO_2$混合气体保护焊）是最合适的工艺方法。

（2）焊接热输入。热输入增大会使热影响区晶粒粗化，使其韧性降低；热输入过小，冷却速度快，也会降低热影响区的韧性，易产生裂纹。为了避免裂纹的产生，在满足热影响区韧性的条件下，热输入应尽可能大一些。实际工程中，一般先通过实践确定每种钢的热输入最大允许值，然后再根据最大热输入时的冷裂倾向来确定是否需要预热和预热温度的高低。

（3）预热。预热的目的主要是为了降低冷却速度、帮助氢逸出以防止裂纹产生。当低碳调质钢板厚不大，接头拘束度较小时，其产生裂纹倾向较小，可以不采用预热工艺。例如焊接板厚小于10mm的Q500、Q550、Q620等钢时，采用低氢型焊条电弧焊、CO_2气体保护焊或$Ar+CO_2$混合气体保护焊，可以不进行预热。预热对于改善热影响区组织影响不大，相反它会降低热影响区金属在800~500℃脆性转变区间的冷却速度，可能会对热影响区的韧性产生不利影响，因此在焊接低碳调质钢时都采用较低的预热温度和层间温度。

（4）焊后热处理。低碳调质钢一般是在焊态下使用的，正常情况下不需要焊后热处理。只有在焊后接头区域的强度和韧性过低、焊接结构受力过大、需要承受应力腐蚀以及焊后需要进行高精度加工以保证结构尺寸等情况下，才需要进行焊后热处理。为了保证材料的强度，焊后热处理温度必须比钢材原来调质过程中的回火温度低30℃。

5.2.2.4 中碳调质钢的焊接

中碳调质钢的含碳量高于低碳调质钢，介于0.25%~0.50%，因此中碳调质钢的屈服强度相比低碳调质钢有明显的提高，但随着含碳量的增加，韧性和塑性急剧下降。为此，一般将碳含量控制在0.30%~0.40%范围内。一般情况下中碳调质钢的合金元素含量不高，合金系统比某些低碳合金钢简单，其屈服强度可达900~1200MPa。

中碳调质钢随着含碳量的增加，其淬硬性和热处理强化效果均高于低碳调质钢，但韧性比低碳调质钢低，这给其焊接造成了很大的困难，因此一般不推荐用于焊接结构，除非是一些高负载、大截面重要机械零件和需要减轻自重的高强度结构，如汽轮机、涡轮机叶轮、主轴、火箭壳体和飞机起落架等的制造。

A 中碳调质钢的焊接性

中碳调质钢的焊接性取决于它的成分及纯度。中碳调质钢含碳量较高，淬硬倾向大，焊接热影响区容易出现脆硬的马氏体组织，增大了焊接接头区域的冷裂纹倾向。母材的含碳量越高，淬硬倾向越大，冷裂纹倾向也越大。一般钢中S、P含量不大于0.04%即可，但在中碳调质钢中降到0.02%时还会有裂纹敏感性。S增加热裂纹敏感性，P降低塑性和韧性，增加冷裂纹敏感性，对于重要产品的钢材和焊丝应严格控制其杂质含量。中碳调质钢的具体焊接缺陷与防止措施如表5-8所示。

表5-8 中碳调质钢的焊接缺陷与防止措施

缺 陷	产 生 原 因	防 止 措 施
冷裂纹	母材含碳量高，钢的淬硬倾向大，得到脆硬组织	焊接时尽量降低接头的含氢量，焊前预热，焊后及时热处理
热裂纹	碳含量高，合金元素也较多，结晶时易产生偏析，产生结晶裂纹	采用碳含量低，S、P含量少的焊接材料。工艺上注意填满弧坑
热影响区脆化与软化	含碳量高，淬硬倾向大，导致脆化。软化与钢的强度和热输入有关	采用预热、适当加大热输入，采用热量集中的焊接热源，焊后进行调质处理等
应力腐蚀开裂	常发生在水或高湿度空气等弱腐蚀介质中	采用热量集中的焊接方法和小的热输入，避免焊件表面的焊接缺陷和划伤

B　焊接材料的选择

中碳调质钢的焊接材料应采用低碳合金系，降低焊缝金属的S、P含量，以确保焊缝金属的韧性、塑性和强度，降低接头的裂纹敏感性。为了防止热裂纹的产生，要求采用低碳低硅焊接材料，其中碳含量一般限制在0.15%以下，最高不超过0.25%，S、P质量分数之和小于0.030%～0.035%，对于重要产品的钢材和焊丝中S、P杂质含量的要求更为严格。对于焊后要进行热处理的情况，焊缝金属的成分应尽量与母材相近，使得它们的热处理规范相似。

C　焊接工艺的确定

（1）焊接方法的选择。中碳调质钢常用的焊接方法有焊条电弧焊、气体保护焊、埋弧焊等。采用等离子焊、电子束焊等热量集中的焊接方法有利于减小热输入，减小热影响区宽度，减小热影响区脆化，减小软化区域，降低软化程度，有利于提高接头的综合性能。

（2）预热。一般中碳调质钢焊接都需要预热，除非是拘束度小，构造简单的薄壁壳体或焊件可不用预热。中碳调质钢的预热温度主要根据焊件结构、厚度和生产条件而定，一般为200～350℃。采用局部预热时，预热范围离焊缝两侧应不小于100mm。

（3）焊后热处理。通常情况下，中碳调质钢焊后需要及时进行调质处理。如果焊后不能及时进行调质处理，须焊后及时进行中间热处理，即在等于或高于预热温度下保温一段时间，如低温回火或650～680℃高温回火。如果产品结构复杂并有大量焊缝，焊完一定数量的焊缝后应及时进行中间回火处理，避免在后面的焊接过程中，先焊部位产生延迟裂纹的现象。

5.2.2.5　珠光体钢耐热钢的焊接

珠光体耐热钢是一种低合金特殊用钢，主要以Cr-Mo以及Cr-Mo基多元合金钢为主，加入合金元素Cr、Mo、V，有时还会加入少量W、Ti、Nb、B等，合金元素总量小于10%。珠光体耐热钢通常在正火或正火+回火的供货状态下使用，基本组织为珠光体。此钢种在高温下具有足够的强度和抗氧化性，用于制造长期在600℃以下高温使用的零部件。随着Cr、Mo含量的增加，钢的抗氧化性、高温强度和抗硫化物腐蚀性能也都会增加。

A　珠光体耐热钢的焊接性

珠光体耐热钢的焊接性与低碳调质钢相近，焊接中主要存在的问题是冷裂纹，热影响区硬化、软化，以及焊后热处理及长期使用过程中产生的再热裂纹。此外，有一些Cr-Mo钢焊后有明显的回火脆化现象。珠光体耐热钢的具体焊接缺陷与防止措施如表5-9所示。

表5-9　珠光体耐热钢的具体焊接缺陷与防止措施

缺　陷	产 生 原 因	防 止 措 施
冷裂纹	Cr、Mo元素，热输入，扩散氢含量和接头拘束度	采用低氢型焊条，控制热输入，预热，焊后热处理等
热裂纹	S、P等杂质元素与Ni等合金元素形成低熔点共晶，集聚在晶界处	控制母材及焊接材料中的S、P含量

续表 5-9

缺　陷	产 生 原 因	防 止 措 施
热影响区回火脆性	P、As、Sb、Sn 等杂质元素在晶界的偏析引起的脆化，与 Mn、Si 也有关	降低杂质含量和焊缝中的 P、Si 含量，合理降低 Mn、Si 含量
再热裂纹	接头在热处理或使用过程中被再次加热时，碳化物析出使晶粒内部强度增大，不易变形，而此时晶界发生蠕变，因而形成再热裂纹	采用高温塑性好的焊材，控制母材和焊材的 V、Ti、Nb 等元素，采用小热输入，预热温度 250℃以上，层间温度控制在 300℃左右，避免在敏感温度长时间停留

B　焊接材料的选择

为了使焊后的结构能到达耐热的要求，焊缝金属一般也应具有热强性，因此其焊接材料的化学成分应该与母材相近。同时，为了防止热裂纹的产生，焊缝中的碳含量通常要比母材低（一般不低于 0.07%）。珠光体耐热钢焊接材料选择的原则是：焊缝金属的成分及使用温度下的强度性能应与母材相应的指标一致，或达到产品要求的最低性能指标。焊后如果需要热处理或热加工的话，应选择强度级别较高的焊接材料。

C　焊接工艺的确定

（1）焊接方法的选择。焊条电弧焊、熔化极气体保护焊、电渣焊、钨极氩弧焊等均可用于珠光体耐热钢的焊接中，其中最常用的方法主要是焊条电弧焊和钨极氩弧焊。焊条电弧焊机动灵活，可以进行全位置焊接，广泛用于现场组装焊接珠光体耐热钢。钨极氩弧焊用于管道焊接可以实现单面焊双面成型，此方法具有超低氢的特点，但焊接效率低，生产中往往采用此方法进行打底焊，而填充层则采用其他高效的焊接方法以提高效率。对于一些厚壁的压力容器对接长焊缝和大直径环缝的焊接，可以采用埋弧焊方法以提高生产效率。

（2）预热。珠光体钢在热循环作用下，具有淬硬和冷裂纹倾向，为了减小焊后冷却速度，焊前需要进行预热处理，多层多道焊应保证层间温度不低于预热温度。常用珠光体耐热钢的预热和焊后热处理温度如表 5-10 所示。

表 5-10　常用珠光体耐热钢的预热和焊后热处理温度

钢　　号	预热温度/℃	层间温度/℃	回火温度/℃
12CrMo	200 ~ 250	200	680 ~ 720
15CrMo	200 ~ 250	200	650 ~ 700
12Cr1MoV	200 ~ 250	200	710 ~ 750

（3）后热处理和焊后热处理。后热处理去氢是防止珠光体耐热钢焊接接头产生冷裂纹的重要措施之一，氢在珠光体中的扩散速度较慢，一般焊后加热到 250℃以上，保温一定时间，可以促进氢的逸出，降低接头的冷裂纹倾向。珠光体耐热钢焊后热处理可以消除残余应力、改善接头组织并提高接头综合性能，如高温蠕变强度、组织稳定性、焊缝及热影响区硬度等。

5.2.3　不锈钢及耐热钢的焊接

不锈钢是在碳钢的基础上加入一组质量分数大于 12% 的合金元素的钢材，在空气作用下能保持金属光泽，也即不生锈的特性。不锈钢之所以不锈是因为铬元素的加入在其表面形成一层不溶于某些介质的坚固的氧化薄膜（钝化膜），对其产生了保护作用使其不与外界介质发生化学反应。不锈钢中除了加入较多Cr，通常还匹配较多其他金属元素（如Ni），使其在空气、水、蒸气中具有较好的稳定性，在许多酸、碱介质中也具有足够的稳定性。

不锈钢与耐热钢均含有大量的Cr。不锈钢为了提高耐晶间腐蚀能力，一般碳含量较低；而耐热钢为保持高温强度，一般碳含量较高。不锈钢和耐热钢的使用环境不同，不锈钢主要在温度不高的湿腐蚀介质中使用，尤其是酸、碱、盐等强腐蚀溶液中，耐蚀性能是其关键的技术指标；而耐热钢在高温气体环境下使用，除具有耐高温腐蚀、抗高温氧化性能外，其高温力学性能也是耐热钢的重要技术指标。

按照组织可以将不锈钢分为以下五类：（1）奥氏体钢，奥氏体钢是在高Cr不锈钢的基础上添加质量分数为8%～25%的Ni，从而形成具有奥氏体组织的不锈钢，它是应用最广的一类不锈钢，以Cr-Ni钢为典型；（2）铁素体不锈钢，分为普通铁素体不锈钢和高纯铁素体不锈钢两类，普通铁素体不锈钢中Cr的质量分数为11.5%～32.0%，主要用作耐热钢（抗氧化钢），也用作耐蚀钢，高纯铁素体钢仅用于耐蚀条件；（3）马氏体钢，这类钢中Cr的质量分数为11.5%～18.0%，用作热强钢；（4）沉淀硬化钢，主要是时效过程中析出硬化相的高强钢，主要用作高强度不锈钢，典型的有马氏体沉淀硬化钢、半奥氏体沉淀硬化钢；（5）奥氏体-铁素体双相钢，这类钢中铁素体占60%～40%，奥氏体占40%～60%，具有优异的抗腐蚀性能。

5.2.3.1 奥氏体不锈钢的焊接

A 奥氏体不锈钢的焊接性

奥氏体不锈钢是不锈钢中最重要的钢种，生产量和使用量约占不锈钢总产量及用量的70%。这类钢含Cr约18%，含Ni8%～25%，含C约0.1%，无磁性且具有良好的塑性和韧性，但强度较低。奥氏体不锈钢焊接过程中主要关注接头的耐蚀性、热裂纹及接头脆化等问题，其产生原因及防止措施如表5-11所示。

表5-11 奥氏体不锈钢的焊接缺陷及防止措施

缺陷种类	产生原因	防止措施
晶间腐蚀	焊接过程中会析出$Cr_{23}C_6$，其中铬主要来源于晶粒表层，使得晶界的耐腐蚀能力下降	采用小电流、快速焊、短弧焊，不做横向摆动，强制冷却，多层焊层间温度一般60℃以下；选择超低碳焊材，或含Nb、Ti的焊材；先焊不与腐蚀介质接触的非工作面
应力腐蚀	热导性差、线膨胀系数大，在拘束条件下焊接时产生较大的焊接应力，拉应力是应力腐蚀开裂不可缺少的重要条件	减少应力集中源、减焊接应力、焊后进行消除应力热处理，合理调整焊缝成分，增加铁素体含量，阻碍裂纹发展（铁素体含量不宜超过60%）
热裂纹	不仅P、S、Sn、Sb等杂质易造成低熔点共晶，有些合金元素因溶解度有限，也容易形成有害易熔夹层；焊缝容易形成方向性较强的柱状晶焊缝组织，加剧有害杂质偏析；热导率小而线膨胀系数大，焊缝在冷却过程中易形成拉应力	限制有害杂质S、P的含量，避免形成奥氏体单相组织，在不宜采用双相组织的情况下适当提高Mn、C、N的含量。Mn含量为4%～6%时，焊缝结晶裂纹倾向小，但当Mn含量超过7%时，焊缝结晶裂纹倾向反而增大，但Mn与Cu同时存在会加剧偏析而促使焊缝产生结晶裂纹

续表5-11

缺陷种类	产生原因	防止措施
接头脆化	（低温脆化）焊缝中的蠕虫状δ相会增加接头脆性；（高温脆化）在持续加热过程中会产生一种以Fe-Cr为主，成分不定的σ相，分布在晶界，使奥氏体不锈钢因冲击韧度下降而脆化	从改善低温韧性的角度出发，可以稍微提高Cr含量，获得少量花边条状的δ相，低温韧性会有所改善；对于已经产生σ相的情况，可以把焊接接头加热到1000～1050℃，保温1h水淬处理，此时大多数σ相可重新溶解到奥氏体中

B　焊接材料的选择

焊接材料选择首先取决于焊接方法的选择，实际选择过程中至少要注意以下问题：(1) 应坚持“适用性原则”，根据不锈钢材质、用途和服役条件以及对焊缝金属的技术要求选择焊接材料，原则上焊缝金属成分应与母材相同或相近；(2) 根据所选各焊接材料的具体成分来确定是否使用，并通过试验验证，绝不能只根据商品牌号或标准名义成分就决定取舍；(3) 考虑具体应用的焊接方法和工艺参数可能会造成的熔合比，即考虑母材的稀释作用，否则将难以保证焊缝金属的合金化程度；(4) 根据技术条件规定的全面焊接性要求来确定合金化程度，即是采用同质焊接材料还是超合金化焊接材料，不锈钢焊接时，不存在完全同质，常是轻度超合金化；(5) 不仅要重视焊缝金属合金系统，而且要尽量注意具体合金成分在该成分系统中的作用，在考虑使用性能的同时，考虑防止焊接缺陷的工艺焊接性要求。

C　焊接工艺的确定

(1) 焊接热输入。奥氏体不锈钢热导率小，热量不易散失，为了避免接头过热，一般采用的焊接电流和焊接热输入比碳钢小20%～30%。

(2) 焊接方法的选择。奥氏体不锈钢具有良好的焊接性，可以采用焊条电弧焊、钨极氩弧焊、熔化极氩弧焊、埋弧焊、等离子焊等焊接方法。另外，在奥氏体不锈钢的焊接中，药芯焊丝电弧焊也是一种非常理想的焊接方法，与焊条电弧焊相比，它可以将断续的生产过程转变为连续生产过程，与实芯焊丝电弧焊相比，它可以方便地对合金成分进行调节，对钢材的适应性强，同埋弧焊相比，热输入远小于埋弧焊，接头性能更好。

(3) 预热及层间温度。为避免碳化铬沉淀，奥氏体不锈钢焊前一般不进行预热处理，而且应尽可能加快焊接接头的冷却，并严格控制层间温度低于250℃，同时还应避免交叉焊缝。

5.2.3.2　铁素体不锈钢的焊接

A　铁素体不锈钢的焊接性

铁素体不锈钢分为普通铁素体不锈钢和高纯铁素体不锈钢。其中普通铁素体不锈钢分为低Cr($w(\mathrm{Cr})=12\%\sim14\%$)钢和中Cr($w(\mathrm{Cr})=16\%\sim18\%$)钢，低Cr和中Cr钢只有含碳量低时才是铁素体组织；高纯铁素体不锈钢是高Cr($w(\mathrm{Cr})=25\%\sim30\%$)钢，根据钢中的C+N含量限制，可分为三类：(1) $w(\mathrm{C})\leqslant0.025\%$，$w(\mathrm{N})\leqslant0.035\%$；(2) $w(\mathrm{C})\leqslant0.025\%$，$w(\mathrm{N})\leqslant0.025\%$；(3) $w(\mathrm{C})\leqslant0.010\%$，$w(\mathrm{N})\leqslant0.015\%$。

铁素体不锈钢塑性和韧性较好，热膨胀系数较奥氏体小，不具有明显的冷裂纹和热裂纹倾向。通常说，铁素体不锈钢不如奥氏体不锈钢好焊，是指焊接过程中可能导致接头塑性和韧性降低即发生脆化问题。此外铁素体不锈钢的耐蚀性和高温下长期服役过程中的脆化问题也是其焊接过程中必须要考虑的问题。高纯铁素体不锈钢的焊接性较普通不锈钢要好许多。铁素体不锈钢焊接缺陷的产生原因及防止措施如表 5-12 所示。

表 5-12　铁素体不锈钢的焊接缺陷及防止措施

<table>
<tr><th colspan="2">焊接缺陷</th><th>产生原因</th><th colspan="2">防止措施</th></tr>
<tr><td rowspan="3">接头脆化</td><td>高温脆化</td><td>碳、氮含量越高，脆化越严重，冷却速度越快，韧性下降越多，空冷或缓冷则对塑性影响不大</td><td>减少碳、氮含量，对于已经脆化的接头，重新加热到 750 ~ 850℃</td><td rowspan="3">焊接时尽量用较小的热输入，并添加适量的 Ti、Nb、Al 等细化晶粒的元素，以达到细化晶粒的目的</td></tr>
<tr><td>σ 相脆化</td><td>在 375 ~ 875℃ 长时间保温，晶界形成脆硬的 σ 相，降低冲击韧性</td><td>加热到 1000 ~ 1050℃ 快速冷却消除</td></tr>
<tr><td>475℃ 脆化</td><td>Cr 含量大于 15% 的铁素体不锈钢在 350 ~ 500℃ 长期停留出现的脆化，Cr 含量越高，脆化越严重</td><td>可通过焊后热处理消除</td></tr>
<tr><td colspan="2">晶间腐蚀</td><td>快冷时 $Cr_{23}C_6$ 析出后形成贫铬层</td><td colspan="2">焊后经 650 ~ 850℃ 加热并缓冷可恢复</td></tr>
<tr><td colspan="2">冷裂纹</td><td>室温韧性低</td><td colspan="2">用含铬钢焊条焊接时，采用低温预热</td></tr>
</table>

B　焊接材料的选择

铁素体不锈钢及其与异种钢焊接时，焊接材料主要有三类：同质铁素体型、奥氏体型和镍基合金。采用同质焊接材料所得焊缝与母材颜色和形貌相同，热膨胀系数相同，耐蚀性相近，但焊缝金属晶粒粗大，韧性差。为了改善性能，应进行合理的合金化，比如添加一定含量的 Nb，防止晶粒过大。在不宜进行预热和焊后热处理的情况下可以选择奥氏体钢焊接材料，此情况下焊缝金属与母材颜色和性能不同，接头耐蚀性可能不如同质接头。

C　焊接工艺的确定

（1）焊接热输入。无论采取什么焊接方法或工艺，都应以控制焊接热输入为目的，以抑制接头区域晶粒过大。工艺上可采用多层多道快速焊、强制冷却等方法。

（2）焊接方法的选择。普通铁素体不锈钢的焊接方法可采用焊条电弧焊、药芯焊丝电弧焊、钨极氩弧焊、熔化极气体保护焊和埋弧焊。超高纯度铁素体可以采用钨极氩弧焊、熔化极氩弧焊、等离子弧焊、真空电子束焊等焊接方法，净化熔池表面，防止玷污。

（3）低温预热和焊后热处理。铁素体不锈钢的室温韧性较差，且有高温脆性，在一定条件下可能产生裂纹，因此可以通过预热，使焊接在富有韧性的状态下进行，从而有效防止裂纹的产生。然而焊接热循环会使接头区的晶粒急剧长大，引起脆化，因此预热温度一般控制在 100 ~ 200℃，随着母材中 Cr 含量的提高，预热温度可适当提高。多层焊时，严格控制层间温度。高 Cr 铁素体不锈钢也有晶间腐蚀倾向，焊后在 750 ~ 850℃ 退火，可使过饱和的 C 和 N 完全析出，晶粒中的 Cr 补充到晶界的贫 Cr 区，使接头恢复耐蚀性，同时改善其塑性。随后快冷，以防止 475℃ 脆化。高纯度铁素体不锈钢因 C 和 N 含量低，具有良好的焊接性，焊前不需要预热，焊后也不需要热处理。

5.2.3.3 马氏体不锈钢的焊接

A 马氏体不锈钢的焊接性

马氏体不锈钢主要是Fe-Cr-C三元合金，Cr含量为11.5%～18.0%，C含量最高可达0.6%，是由高温下存在的奥氏体，较快冷却后发生马氏体转变而形成的，属于热处理强化钢。这类钢具有较高的强度和硬度，但耐蚀性和焊接性稍差一些。

马氏体钢可以分为以下三类：(1) Cr13系，通常说的马氏体钢就是指这类钢；(2) 热强马氏体钢，主要以Cr12为基体进行多元复合合金化的马氏体钢；(3) 超低碳复相马氏体钢，这是一种新型马氏体钢，碳含量可降低到0.05%以下，添加Ni，可能含有少量Mo、Ti或Si。

超低碳复相马氏体钢无淬硬倾向，且具有较高的塑性和韧性，焊接性良好。常见的马氏体钢均有淬硬倾向，含碳量越高，淬硬倾向越大，从而引起马氏体钢焊接接头出现冷裂纹和脆化问题，具体如表5-13所示。

表5-13 常见马氏体不锈钢焊接缺陷的产生原因及防止措施

焊接缺陷	产生原因	防止措施
冷裂纹	马氏体不锈钢导热性差，焊后残余应力大，对于厚板、大拘束度、高碳含量、高氢含量的情况，冷裂倾向大	合理合金化，添加少量Ti、Al、N、Nb等以细化晶粒，控制板厚和拘束度，降低焊缝氢含量，合理预热
接头脆化	冷却速度较快时，会在近缝区形成粗大的马氏体；冷却速度较小时，近缝区会出现粗大的铁素体组织	合理控制冷却速度

B 焊接材料的选择

为马氏体不锈钢选择焊接材料时有两类方案：一是采用与母材成分基本相同的焊接材料；二是采用奥氏体焊接材料。通常情况下最好是采用同质金属来填充马氏体钢，但焊后焊缝和热影响区会硬化变脆，有较高的冷裂倾向，可以通过合理合金化，如添加少量Ti、Al、N、Nb等以细化晶粒，降低淬硬性，也可以通过预热、焊后缓冷和焊后热处理的方式来改善接头性能。当焊件不能预热或焊后热处理时，可以选用奥氏体不锈钢焊接材料，因其具有良好的塑性和韧性，能松弛焊接应力，且能固溶部分氢元素，降低接头的冷裂倾向。但奥氏体焊缝金属与母材在物理、化学、冶金等方面都具有很大的差别，有时会因此导致接头过早破坏。

C 焊接工艺的确定

(1) 焊接方法的选择。马氏体不锈钢与低合金结构钢相比，具有更高的淬硬倾向，对焊接冷裂纹的敏感性更高，必须严格保证低氢、甚至超低氢的焊接条件，采用焊条电弧焊时，要采用低氢碱性药皮的焊条。对于拘束度大的接头最好采用氩弧焊。

(2) 焊前预热。采用同质焊接材料时，为防止接头形成冷裂纹，应进行焊前预热。预热的温度主要根据钢中的碳含量、焊件厚度、焊接方法、结构拘束度等来确定，其中与碳含量的关系最大：当碳含量小于0.1%时，预热温度可小于200℃；当碳含量为0.1%～0.2%时，预热温度为200～250℃；当碳含量大于0.2%时，除预热温度要适当提高外，还必须考虑保证多层焊的层间温度。马氏体不锈钢的预热温度不宜过高，否则导致接头塑性和强度均有所下降。

（3）焊后热处理。马氏体不锈钢焊接接头焊后热处理的目的主要是为了降低焊缝和热影响区的硬度，改善其塑性和韧性，同时减少焊接残余应力。马氏体不锈钢焊后不可随意从焊接温度开始升温热处理，否则会影响焊缝和热影响区的组织，导致得到的接头不是马氏体组织（可能是珠光体或者粗大的铁素体加碳化物组织），从而引起接头韧性降低，耐蚀性降低。应待焊件冷却到焊缝和热影响区的奥氏体基本转变为马氏体组织后开始升温，进行热处理。

5.2.3.4 奥氏体－铁素体双相不锈钢的焊接

奥氏体－铁素体双相钢是指奥氏体相和铁素体相各约占一半，一般较少相的含量至少也需达到30%的不锈钢。在含碳较低的情况下，Cr含量在18%～28%，Ni含量在3%～10%，有些钢还含有Mo、Cu、Si、Nb、Ti、N等元素。这类钢兼具了奥氏体和铁素体不锈钢的特点，与铁素体钢相比，塑性、韧性、耐晶间腐蚀性能和焊接性均显著提高，与奥氏体不锈钢相比，耐晶间腐蚀和耐氯化物腐蚀能力明显提高，这类钢也是一种节镍钢。

双相不锈钢具有良好的焊接性，选择合适的焊接材料不会发生冷裂纹和热裂纹，焊接接头耐应力腐蚀、点蚀、缝蚀的能力优于奥氏体不锈钢，抗晶间腐蚀能力与奥氏体不锈钢相当。但因这类钢中存在较大比例的铁素体，因而铁素体钢的475℃脆性、σ相脆性和晶粒粗化问题仍然存在。双相不锈钢焊接的另一个要点是要使焊缝金属和焊接热影响区均保持有适量的铁素体和奥氏体。

采用奥氏体相比例较大的焊接材料，来提高焊缝金属中的奥氏体相比例，有利于提高焊缝金属塑性、韧性、耐蚀性。对于含氮的双相不锈钢和超级双相不锈钢，通常采用比母材高的镍含量和与母材相同的氮含量，以保证焊缝金属中有足够的奥氏体量。

双相钢焊接时遵守一定的工艺规则，主要有两方面的目的：一是避免冷速过快导致热影响区产生过多铁素体组织；二是避免冷速过慢引起热影响区晶粒粗大并产生氮化铬沉淀。焊接厚板时应采用较高的热输入；焊接薄板时，应采用较低的焊接热输入。为了防止接头过热，焊接电流比低碳钢小10%～20%时，短弧快速焊，直线运条，减少起弧、收弧次数，尽量避免重复加热、交叉焊缝，必要时可以强制冷却（加铜垫板、喷水冷却等）。

由于奥氏体－铁素体双相不锈钢具有较好的塑性，冷裂纹倾向小，因此焊前不必预热。多层焊时应注意控制层间温度，一般不超过100℃。奥氏体－铁素体不锈钢焊后原则上不进行热处理，只有焊接接头产生了脆化或要进一步提高其耐蚀性能时，才根据需要进行热处理。

5.3 铸铁的焊接

铸铁是碳的质量分数大于2.11%的铁碳合金。工业常用的铸铁为铁－碳－硅合金，其中碳含量为3.0%～4.5%，硅含量为1.0%～3.0%，同时含有一定量的锰及杂质元素硫、磷等。铸铁具有成本低，耐磨性、减振性和切削加工性能好的特点，在制造业中得到了广泛的应用。铸铁的焊接主要应用于以下三个方面：（1）铸造缺陷的补焊；（2）已损坏的铸铁成品件的补焊；（3）零部件的生产。

5.3.1 铸铁的简介

铸铁的组织可以认为是在钢的基体上分布了不同形态及尺寸石墨的结构材料。按照碳元素在铸铁中存在的形式及石墨的形态，可以将铸铁分为五类，即白口铸铁、灰铸铁、可锻铸铁、球墨铸铁和蠕墨铸铁。白口铸铁中的碳主要以渗碳体（Fe_3C）的形式存在，断口为白色，性质脆硬，极少单独使用。灰铸铁、可锻铸铁、球墨铸铁和蠕墨铸铁中的碳主要以石墨的形式存在。灰铸铁中石墨呈片状，其成本低，铸造性、加工性、减振性、金属间摩擦性优良，但石墨片会割裂基体，故其强度低、塑性差。可锻铸铁是由一定成分的白口铸铁退火而来，石墨呈团絮状，塑性比灰铸铁高。球墨铸铁是通过球化剂处理高温铁液得到的，石墨呈球状，对基体的割裂作用小，力学性能大幅度提高。蠕墨铸铁中的石墨呈蠕虫状，头部较圆，具有比灰铸铁高的强度、比球磨铸铁铸造性好、耐热疲劳性能好的优点。

5.3.2 灰铸铁的焊接

灰铸铁的化学成分（质量分数）一般为：碳含量为2.6%～3.8%，硅含量为1.2%～3.0%，锰含量为0.4%～1.5%，磷含量不超过0.3%，硫含量不超过0.15%。通过改变石墨的数量、形态、分布及形状来得到不同强度等级的灰铸铁，抗拉强度超过300MPa的灰铸铁要进行孕育处理或合金化。铸铁的化学成分特点是碳、硅含量高，硫、磷杂质含量高，灰铸铁的力学性能特点是强度低、塑性差，加之焊接过程具有加热速度快、冷却速度快的特点，焊件受热不均匀造成较大的焊接应力等原因，使得铸铁焊接性较差，表现为接头容易出现白口及淬硬组织，易产生冷、热裂纹，变质铸铁件难熔合等。灰铸铁焊接缺陷及防止措施如表5-14所示。

表5-14 灰铸铁的焊接缺陷及防止措施

焊接缺陷		产生原因	防止措施
白口及淬硬组织	焊缝区	焊接冷却速度快，使得焊缝组织基本上是白口组织，该组织硬且脆	合理选择焊接材料，焊前预热，焊后缓冷
	半熔化区	冷速快时，得到白口组织，冷速更快时，得到马氏体组织	焊前预热，焊后缓冷
	奥氏体区	冷速快时，得到珠光体+二次渗碳体+石墨，冷速更快时，得到马氏体组织	
	重结晶区	当冷速很快时，可能产生马氏体	
裂纹	冷裂纹	焊缝较长、补焊部位刚度较大、焊缝出现白口，焊缝出现高碳马氏体	整体预热，使石墨呈球状或蠕虫状，用铜基或镍基铸铁焊材
	热裂纹	采用低碳钢焊条或镍基焊条时，母材中S、P含量高，易形成低熔点共晶	合理调节焊缝金属的碳、硅、钴、稀土等元素含量

可供选择的灰铸铁的焊接材料有同质焊条和焊丝、异质焊条和焊丝、铜基钎料及镍基或铁基喷粉。灰铸铁可采用以下方法进行焊接：

（1）同质焊缝（铸铁型）电弧热焊。将铸铁件预热到600～700℃，在塑性状态下进行焊接，焊接温度不低于400℃，为防止开裂，焊后应立即进行消除应力处理，并缓冷。对于补焊量大、要求高的大型铸造厂，装备有专门用于铸铁热焊的煤气加热炉，将铸件放在传送带上，依次经过低温（200～350℃）、中温（350～600℃）、高温（600～700℃）加热，焊件升温缓慢且均匀。焊后再入炉，反过来依次从高温到低温出炉，以消除焊接应力。

预热温度为300～400℃时进行焊接被称为半热焊，较低的预热温度可以改善劳动条件，降低成本，对防止组织恶化较有效，也可改善接头加工性。但是，当铸件结构复杂，焊接部位拘束度大的情况下，局部半热焊会增大应力，促使裂纹产生。

（2）气焊。电弧热焊和半热焊主要用于壁厚大于10mm的铸件上，薄壁件宜用气焊。氧乙炔火焰温度比电弧温度低很多，而且热量不集中，因此焊接过程中需要加热很长时间才能使焊接区域熔化，这使得受热面积大，相当于局部预热，焊后冷却速度慢，焊缝、熔合区和热影响区都容易保持灰铸铁组织，避免马氏体和白口组织出现。但是因为受热面积大，焊接热应力大，有一定的裂纹倾向。因此气焊适用于拘束度较小的薄壁件焊接，拘束度大时，宜进行600～700℃的整体预热，并进行焊后缓冷。

（3）手工电渣焊。电渣焊具有加热和冷却缓慢的特点，适合铸铁焊接的要求，设备简单，应用灵活，对重型机器厂、机床厂灰铸铁厚件的焊接修复比较合适。使用石墨电极时，在石墨电极与母材之间引燃电弧熔化焊剂造渣，造渣达到一定深度后再转入正常电渣焊过程，如果需要填充材料，可不断地向渣池中均匀地加入铸铁屑。如果采用铸铁棒填充，则在造好渣池后将电极换成铸铁棒。

（4）异质焊缝（非铸铁型）电弧冷焊。灰铸铁的电弧冷焊即焊前不进行预热的电弧焊。灰铸铁电弧冷焊的特点是效率高、成本低，改善了焊工施焊条件。灰铸铁电弧冷焊可分为同质焊缝电弧冷焊和异质焊缝电弧冷焊。异质焊缝电弧冷焊的工艺要点可归纳为四句话：短段断续分散焊，较小电流熔深浅，每段锤击消应力，退火焊道前段软。

5.3.3 球墨铸铁的焊接

球墨铸铁的化学成分（质量分数）一般为：碳含量为3.0%～4.0%，硅含量为2.0%～3.0%，锰含量为0.4%～1.0%，磷含量不超过0.1%，硫含量不超过0.04%，镁含量为0.03%～0.05%，稀土元素为0.03%～0.05%。球墨铸铁的焊接性与灰铸铁既有相似之处，又有不同之处。由于球墨铸铁中添加了球化剂，一般为轻稀土镁和钇基重稀土合金两种，使得球墨铸铁具有比灰铸铁更高的白口化和脆硬敏感性，同质接头的焊缝区和熔合区也更容易产生马氏体。接头中出现白口和马氏体的区域容易萌生裂纹，提高接头冷裂纹敏感性。

球墨铸铁可采用以下方法进行焊接：

（1）气焊。由于气焊的温度较低，加热面积广，焊接区的加热及冷却速度比较缓慢，一方面可以降低接头的白口及脆硬组织，另一方面可以减少球墨铸铁在焊接过程中镁的蒸发（镁的沸点为1070℃，钇的沸点为3038℃），有利于保证焊缝获得球墨铸铁组织。气焊的缺点是焊接生产效率较低。

（2）同质焊缝（球墨铸铁型）焊条电弧焊。同质焊缝（球墨铸铁型）电弧焊的问题主要有两点：一是已知的球化元素都会增大白口倾向，也就是说在促进接头中的石墨球化的同时，也会增大接头的白口倾向，增大接头的裂纹敏感性；二是电弧温度高，球化元素沸点较低，容易蒸发，且与氧的亲和力大，易因氧化而难以过渡到焊缝金属中。为了完全避免白口组织出现需要高温预热（如700℃），如果焊后要对铸件进行整体热处理，可以采用较低的预热温度（如500℃）。由于高温预热能耗大，焊接工作环境差，因此采用冶金和工艺的措施，从而在不预热的条件下获得无白口的球墨铸铁接头是铸铁焊接研究的重要内容。

（3）异质焊缝（非球墨铸铁型）焊条电弧焊。球墨铸铁同质焊缝焊条电弧焊时，焊接材料价格低，但预热温度一般要求较高，能耗高，工作条件差，不预热的话又很难保证焊接质量。因此，可以将一些力学性能好的灰铸铁异质焊接材料用于球墨铸铁电弧冷焊，如镍铁铸铁焊条和高钒铸铁焊条等。

5.4 常用有色金属的焊接

广义的有色金属是指除铁、锰、铬以外的所有金属及其合金。随着科学技术的发展，各种有色金属在航空航天、机械制造、电力电子、化学化工、武器防御等领域的应用日益广泛。但各种有色金属所具有的特殊性使其焊接比钢材等黑色金属的焊接要复杂许多，也就是说有色金属焊接存在较大困难。本章主要介绍铝及铝合金、铜及铜合金、钛及钛合金三种常用有色金属的焊接。

5.4.1 铝及铝合金的焊接

铝及铝合金具有良好的耐蚀性、较高的比强度和导热性以及低温下良好的力学性能等特点，因而被广泛应用于航空航天、汽车、电工、化工、交通运输、国防等领域。掌握铝及铝合金的焊接性特点、焊接操作技术、接头质量和性能、缺陷的形成和防止措施对正确制定铝及铝合金的焊接工艺，获得良好的焊接接头具有重要意义。我国铝资源丰富，铝及铝合金的应用在我国具有广阔的前景。

5.4.1.1 铝合金的焊接性

铝及其合金的化学性质活泼，表面极易形成难熔的氧化膜（Al_2O_3 熔点约为2050℃，MgO 熔点约为2500℃），加之铝及其合金导热性强，焊接时容易产生未熔合现象。由于氧化膜密度与铝密度接近，因此容易成为焊缝金属的夹杂物。同时，MgO 等不是很致密的氧化膜可吸收较多水分而成为焊缝气孔的重要原因之一。此外，铝及其合金的线膨胀系数大，焊接时易产生翘曲变形。铝及其合金的焊接缺陷及防止措施如表5-15所示。

表5-15 铝及其合金的焊接缺陷及防止措施

缺陷种类	产生原因	防止措施
气孔	弧柱气氛中的水分、氧化膜中的水分中所含的氢	焊前对保护气、焊丝、焊条进行干燥、脱脂去油、去氧化膜，大电流配合高速度焊接，预热
热裂纹	低熔点共晶；线膨胀系数大，在拘束条件下焊接时产生较大的焊接应力	合理确定焊缝的合金成分，控制适量的低熔点共晶相；采用热能集中的焊接方法、采用较小的焊接电流、避免断续焊

续表 5-15

缺陷种类	产生原因	防止措施
等强性	热输入越大，焊缝性能下降的趋势也越大	选择合适的焊材，固溶强化型合金系优于共晶型合金系；采用较小的焊接热输入，层间温度不宜过高
耐蚀性	组织不均匀，焊缝金属杂质多、晶粒粗大，脆性相（如 Fe_3C）的析出	通过焊缝合金化，细化晶粒并防止缺陷，减小热输入，避免晶粒过大；局部锤击、焊后热处理，采取适当的保护措施

5.4.1.2 铝合金的焊接材料与焊接方法

铝及铝合金焊接材料的选择首先要考虑焊缝成分要求，还有抗裂性能、耐蚀性能、力学性能等。选择熔点低于母材的填充金属，可以减小热影响区的液化裂纹倾向。

铝及铝合金具有较好的冷加工性能和焊接性，可采用熔焊方法进行焊接。常用的方法有钨极氩弧焊（TIG）、熔化极惰性气体保护焊（MIG）、等离子弧焊、电阻焊以及电子束焊等。热功率大、能量集中且保护效果好的焊接方法比较适合铝及铝合金的焊接。

（1）铝及铝合金的气焊。气焊主要用于薄板（0.5～10mm），且对接头质量要求不高的铝及铝合金铸件。气焊焊缝表面的残留焊剂和熔渣对铝合金接头的腐蚀，是铝合金接头日后使用中引起损坏的主要原因之一，因此焊后必须及时处理。在焊后 1～6h 之间，应及时进行焊后处理，将残留的熔剂、熔渣清洗掉。

（2）铝及铝合金的钨极氩弧焊（TIG）。适用于焊接厚度小于 3mm 的铝及铝合金薄板，工件变形明显小于气焊。TIG 焊分为直流 TIG 焊、交流 TIG 焊和脉冲 TIG 焊，铝及铝合金焊接时通常采用交流 TIG 焊和交流脉冲 TIG 焊，因为交流 TIG 焊具有去除氧化膜的清理作用，采用氩气保护，不用熔剂，避免了焊后熔剂残渣对接头的腐蚀，接头形式不受限制，焊缝成型良好、表面光亮。由于不用熔剂，焊前清理要求比较严格。

（3）铝及铝合金的熔化极惰性气体保护焊（MIG）。MIG 焊用焊丝作电极，其焊接电流比 TIG 焊大许多，因此电弧功率大、热量集中、焊接速度高、生产效率比 TIG 焊高，生产中可用于焊接薄、中等厚度的板材。可用纯 Ar 作为保护气，焊接厚大件时采用 Ar + He 混合气体，也可以采用纯 He 作保护气。

5.4.1.3 铝及铝合金的焊接工艺要点

铝合金焊前清理可用化学清理或机械清理。化学清理效率高，质量稳定，适用于清理焊丝以及尺寸不大、批量生产的工件，小型工件可以采用浸洗法。焊丝清洗后可在 150～200℃烘箱烘焙 30min，然后存放在 100℃烘箱内随用随取，清洗后的焊件不能随意乱放，应立即进行装配、焊接，一般不超过 24h。机械清理通常先用丙酮或汽油擦洗表面油污，然后根据零件形状采用切削方法，如使用风动或电动铣刀，也可使用刮刀等工具。对较薄的氧化膜可采用不锈钢钢丝刷清理表面，不宜采用砂布、砂纸或砂轮打磨。

铝合金在焊前最好不预热，因为预热可加大热影响区宽度，降低某些铝合金焊接接头的力学性能。但厚度超过 8mm 的厚大铝件焊前需进行预热，以防止变形和未焊透，减少气孔等缺陷。通常预热到 90℃ 足以保证在始焊处有足够的熔深，预热温度不应超过 150℃，含 4.0%～5.5% 的 Mg 元素的铝镁合金的预热温度不应超过 90℃。

5.4.2 铜及铜合金的焊接

铜及铜合金具有优良的导电、导热性能和冷、热加工性能，具有高的强度、抗氧化性以及抗淡水、盐水、氨碱溶液和有机化学物质腐蚀的性能。在电气、电子、动力、化工等领域具有广泛的应用。铜元素在地球中的储量较少，但铜及其合金却是人类历史上使用最早的金属，其世界产量仅次于钢和铝。

铜及铜合金分为工业纯铜、黄铜、青铜和白铜。纯铜是指 Cu 的质量分数不小于 99.5% 的工业纯铜；黄铜是指 Cu-Zn 合金，表面呈淡黄色；青铜是指以 Sn、Al、Si、Pb、Be 等元素为主要组成的铜合金，有时为了获得特殊性能，青铜中还会加入少量的 Zn、P、Ti 等元素；白铜是指 Ni 元素含量低于 50% 的 Cu-Ni 合金，有时白铜中会加入 Mn、Fe、Zn 等元素。

5.4.2.1 铜及铜合金的焊接性

铜及铜合金的化学成分、物理性能有独特的方面，焊接时以内在和外在的缺陷综合评价其焊接性的好坏。纯铜和黄铜是最常用到的铜及铜合金的焊接接头，因此接下来主要结合纯铜和黄铜的熔焊来分析讨论。铜及铜合金焊接接头主要会出现难熔合易变形、热裂纹、气孔、接头性能发生变化等缺陷，其产生原因和防止措施如表 5-16 所示。

表 5-16 铜及铜合金焊接接头缺陷产生原因和防止措施

缺陷种类	产生原因	防止措施
难熔合易变形	铜热导率大，母材与填充金属难熔合；熔化后，表面张力低，流动性好，表面成型能力差；线膨胀系数和收缩率大	使用大功率的焊接热源；焊前或焊接过程中采取加热措施；接头背面加垫板等成型装置；适当地给以拘束
热裂纹	铜与杂质形成多种低熔点共晶	控制杂质含量；增强焊缝的脱氧能力；选用能获得双相组织的焊丝，细化晶粒，分散低熔点共晶物
气孔	高温熔池吸氢多，铜热导率大，焊缝冷却快，氢来不及逸出，形成氢气孔；焊接时生成的 H_2O 和 CO_2 气体来不及逸出也会产生气孔；随着氩气中氮气含量的增加，氮气孔数增加	减少氢的来源，降低熔池冷却速度（如预热、缓冷等）；减少氧、氢来源，防止 H_2O 和 CO_2 气孔的产生；采用含适量脱氮元素（Ti、Al）的焊丝，防止氮气孔产生
接头性能变化	纯铜焊接时接头塑性会降低，导电性降低，耐蚀性降低	—

5.4.2.2 铜及铜合金的焊接方法和焊接材料

焊接铜及铜合金需要大功率、高能束的焊接热源，热效率越高、能量越集中对焊接越有利。铜及铜合金常用的焊接方法有钨极氩弧焊、熔化极惰性气体保护焊、等离子弧焊、焊条电弧焊、埋弧焊、气焊等。钨极氩弧焊主要用于薄板（小于 12mm）的纯铜、黄铜、锡青铜、硅青铜、白铜的焊接；熔化极惰性气体保护焊主要用于板厚大于 3mm 的铜及铜合金焊接，板厚大于 15mm 时优点更为突出；等离子弧焊主要用于 3 ~ 6mm 不开坡口的情况下，一次焊接成型，适用板厚为 3 ~ 15mm；焊条电弧焊操作技术要求较高，主要适用于2～10mm厚度的铜及铜合金焊接；埋弧焊可用于板厚为6～30mm的中厚板焊接；铜及铜合金气焊接头变形大、成型不好，一般用于板厚小于3mm的不重要结构中。

熔焊时焊接材料是控制冶金反应、调整焊缝成分和保证接头质量的重要手段，不同熔焊方法所选用的焊接材料不同。选用铜焊丝时，重要的是控制杂质含量并提高其脱氧能力，防止接头中出现热裂纹和气孔；焊剂则是为了防止熔池金属氧化和其他气体入侵，改善液态金属的流动性，铜及铜合金的气焊、埋弧焊、电渣焊都要用到焊剂，但是方法不同，选用的焊剂也不同；铜及铜合金的焊条分为纯铜焊条和青铜焊条两类，青铜焊条用得较多。

5.4.2.3　合金的焊接工艺要点

铜和铝一样，在焊前需要进行较为严格的焊前清理，将焊丝表面以及焊件坡口两侧各20～30mm范围内的油污、锈、垢及氧化膜等去掉。清理方法也是化学清理法和机械清理法两种。化学清理主要有两种方法：(1) 采用四氯化碳或丙酮擦拭焊丝和焊件表面；(2) 在质量分数为10%的NaOH水溶液中对焊丝和焊件进行脱脂处理（30～40℃），然后用清水冲干净，再置于质量分数为35%～40%的硝酸（或10%～15%的硫酸水溶液）中侵蚀2～3min，最后清水洗净并烘干。机械清理则用风动、电动钢丝轮或钢丝刷、砂布等打磨焊丝和焊件表面，直至露出金属光泽。

为了防止铜液从坡口背面流失，保证单面焊双面成型，在接头根部需要采用衬垫。常用的衬垫有不锈钢衬垫、纯铜衬垫、石棉垫、碳精垫或石墨垫、黏结软垫等。由于铜及铜合金的导热性强，焊前都需要预热，预热温度根据焊件形状、尺寸、焊接方法和焊接参数而定。一般纯铜的预热温度为300～700℃，黄铜的预热温度为200～400℃，硅青铜的预热温度不超过200℃，磷青铜的预热温度应不低于250℃，铝青铜的预热温度应控制在600～650℃之间，白铜的导热性与钢接近，为了减少焊接应力、防止热裂纹，预热温度应偏低一些。

为了减小铜及铜合金焊接接头应力，可进行热态和冷态锤击。对要求较高的接头可焊后高温热处理，消除应力和改善接头韧性。

5.4.3　钛及钛合金的焊接

钛及钛合金具有很高的强度，良好的塑性及韧性，有足够的抗腐蚀性和高温强度，最为突出的是比强度高，是一种优良的轻质结构材料。钛是地壳中储量十分丰富的元素，居第四位。近年来，工程结构材料中，钛及钛合金的应用越来越多，如在航空航天、石油化工、船舶制造、仪器仪表、冶金等领域都得到了广泛的应用。我国钛资源丰富，冶炼加工技术不断提高，钛及钛合金焊接结构将有很大的发展前景。

99.5%的工业纯钛密度为4.5g/cm^3，熔点为1725℃，导热系数为15.24W/(m·K)，抗拉强度为539MPa，伸长率为25%，断面收缩率为25%，弹性模量为1.078×10^{-5}MPa，硬度为195HB。钛及钛合金具有强度高、热强度高、抗蚀性好、低温性能好、化学活性大、导热系数小、弹性模量小等特点。工业纯钛的牌号分别为TA1、TA2、TA3。钛合金按照性能和用途可以分为结构钛合金、耐蚀钛合金、耐热蚀钛合金和低温钛合金；按生产工艺可以分为铸造钛合金、变形钛合金和粉末钛合金；根据退火组织，可以分为α钛合金、β钛合金和α+β钛合金三类，牌号分别以TA、TB、TC和顺序数字表示。TA4～

TA10 表示 α 钛合金，TB2 ~ TB4 表示 β 钛合金，TC1 ~ TC12 表示 α + β 钛合金。

工业纯钛的性质与纯度有关，纯度越高，强度和硬度越低，塑性越好，越容易加工成型。工业纯钛中的杂质有氢、氧、铁、硅、碳、氮等，起固溶强化作用，可以显著提高钛的强度和硬度，但降低塑性和韧性。工业纯钛中加入合金元素便可以得到钛合金，钛合金的强度、塑性、抗氧化性等性能显著提高。α 钛合金通过加入 Al 元素稳定 α 相，这类合金具有高温强度高、韧性好、抗氧化能量强、焊接性优良、组织稳定等特点，强度比工业纯钛高，但是加工性能比 β 钛合金和 α + β 钛合金差。β 钛合金主要通过加入 β 相稳定元素（如 Mo、V）获得，β 钛合金在单一 β 相条件下加工性能好，但高温性能差，脆性大，焊接性较差，容易形成冷裂纹，在焊接结构中很少用到。α + β 钛合金同时加入 α 相稳定元素和 β 相稳定元素，这类合金兼具了 α 钛合金和 β 钛合金的优点，既有良好的高温变形能力和热加工性能，又可以通过热处理强化，提高强度。TC4（Ti-6Al-4V）是目前应用最广的 α + β 钛合金，它室温强度高，在 150 ~ 350℃时具有良好的耐热性，此外还具有良好的加工和焊接性，焊后可不做任何热处理即可使用。

5.4.3.1 钛及钛合金的焊接性

钛及钛合金的焊接性有许多显著的特点，这是由它的物理、化学性质及热处理性能所决定的。钛及钛合金焊接接头缺陷主要有接头区脆化、冷裂纹和延迟裂纹、热裂纹和气孔，它们的产生原因和防止措施如表 5-17 所示。

表 5-17 钛及钛合金焊接接头缺陷的产生原因和防止措施

缺陷种类	产生原因	防止措施
接头脆化	接头区域易受气体等杂质污染而产生脆化，造成脆化的主要元素有 O、N、H、C 等	用高纯氩气保护；用拖罩保护高温区域；接头背面用氩气保护 400℃以上的区域；重要零件在充氩箱内焊接；保护和清理母材、焊丝和油污
热裂纹	焊丝有裂纹、夹层等缺陷时会在夹层和裂纹处聚集有害杂质形成热裂纹	应保证母材和焊丝质量
冷裂纹和延迟裂纹	焊缝含氢量高时，焊缝变脆；氢从焊缝向热影响区扩散，使该区变脆；TiH_2 的析出也使接头变脆；氢向高应力区扩散、聚集，最终形成裂纹	减少氢来源；真空退火处理，促进氢逸出；控制热输入，防止晶粒长大；用热量集中的热源，减小热影响区；用小电流、高焊速工艺，提高热影响区塑性
气孔	O_2、N_2、H_2、CO_2、H_2O 都能引起气孔。当氩气及母材、焊丝中有不纯气体时易引起气孔；焊接工艺不合理，熔池停留时间内形成的气泡，在焊缝凝固前来不及逸出而形成气孔	限制原材料中的氢、氧、氮等元素，焊前严格的清理；焊件清理尽快使用；正确选择焊接参数，延长熔池停留时间，便于气泡逸出；焊炬上的氩气管路不宜用橡胶管，以尼龙软管为好

5.4.3.2 钛及钛合金的焊接材料和焊接方法

钛及钛合金在焊接时，通常选择成分与母材金属成分相同的焊丝，常用的牌号有 TA1、TA2、TA3、TA4、TA5、TA6 及 TC3 等。为提高焊缝塑性，通常可选强度比母材稍低的焊丝。TA7、TC4 等钛合金焊接时，为提高焊缝塑性，可选用纯钛焊丝，需保证焊丝的杂质含量低于母材（仅一半左右）。

因钛及钛合金性质活泼，常规的焊条电弧焊、气焊、CO_2 气体保护焊不适用于其焊接，应用最多的是钨极氩弧焊（TIG）和熔化极惰性气体保护焊（MIG），等离子弧焊、电子束焊、钎焊和扩散焊等也有应用。

钨极氩弧焊（TIG）是钛及钛合金最常用的焊接方法，适用于焊接厚度3mm以下的薄板一般需要采用拖罩对已凝固的高温焊缝区域进行保护，拖罩与焊炬连在一起，焊接时与焊炬一起移动。为改善焊缝金属组织，提高接头性能，可采用在焊缝两侧或焊缝表面设置空冷和水冷铜压块的方式增大冷却速度。对于钛及钛合金厚板，适合采用熔化极惰性气体保护焊（MIG），可减少焊接层数，提高焊接速度和生产效率，保护要比TIG焊要求更严格，飞溅会影响焊缝成型和保护效果。等离子弧焊能量密度高、热输入大、效率高，适用于钛及钛合金焊接。一次可以焊透5~15mm的钛及钛合金板材，并可有效防止气孔产生。3mm以上的板材一般需要开坡口，焊接时需要填充焊丝。采用等离子弧焊和钨极氩弧焊对钛及钛合金进行焊接，所得接头强度均与母材强度接近，但等离子弧焊所得接头塑性比钨极氩弧焊所得接头塑性高。

5.4.3.3　钛及钛合金的焊接工艺要点

钛及钛合金焊接接头质量很大程度上取决于焊件和焊丝的焊前清理，常用的清理方法有化学清理和机械清理两种。具体清理措施如表5-18所示。

表5-18　钛及钛合金焊前清理措施

清理方法	清理前的状态	清　理　措　施
化学清理	热轧后已经酸洗	室温下将钛板浸泡在（2%～4%）HF+（30%～40%）HNO_3+H_2O溶液中15～20min，然后清水洗净并烘干
	热轧后未经酸洗	40～50℃下将钛板浸泡在含烧碱80%、碳酸氢钠20%的浓碱水溶液中10～15min；然后酸洗（配方：每升溶液中，硝酸55～60mL，盐酸340～350mL，氢氟酸5mL）10～15min；最后分别用热水、冷水冲洗并用白布擦拭晾干
机械清理	剪切、冲压、切割下料的工件	对质量要求不高或无法酸洗的焊件，可机械清理：用砂布（纸）或不锈钢丝刷擦拭，或用硬质合金刮刀刮削待焊边缘，去除表面氧化膜；然后用丙酮、四氯化碳或甲醇等熔剂去除坡口两侧的手印、有机物质及焊丝表面的油污等。除油时需使用厚棉布、毛刷或人造纤维刷刷洗

钛的性质活泼，热导率小，熔池尺寸大，焊接时需要用特殊的保护装置进行保护，焊缝背面也需要进行保护。常用的焊炬及拖罩如图5-4所示，常用的焊缝背面纯铜垫板如图5-5所示。

钛及钛合金焊后存在很大的残余应力，如果不消除会引起冷裂纹、增大应力腐蚀开裂敏感性、降低接头疲劳强度，因此焊后必须进行消除应力热处理，常用的方法有退火处理和淬火+时效处理。热处理前应对焊件表面进行彻底清理，然后在惰性气体气氛中进行热处理，几种常用的钛及钛合金焊后消除应力热处理参数如表5-19所示。

表5-19　常用的钛及钛合金焊后消除应力热处理参数

材　　料	工业纯钛	TA7	TC4	TC10
温度/℃	482～593	533～649	538～593	482～649
保温时间/h	0.5～1	1～4	2～1	1～4

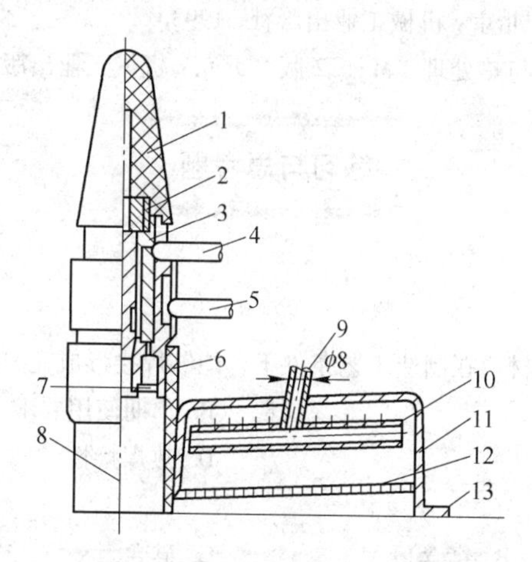

图 5-4　钛板氩弧焊常用的焊炬及拖罩示意图

1—绝缘帽；2—压紧螺母；3—钨极夹头；4—进气管；5—进水管；
6—喷嘴；7—气体透镜；8—钨极；9—进气管；10—气体分布管
11—拖罩外壳；12—铜丝网；13—帽沿

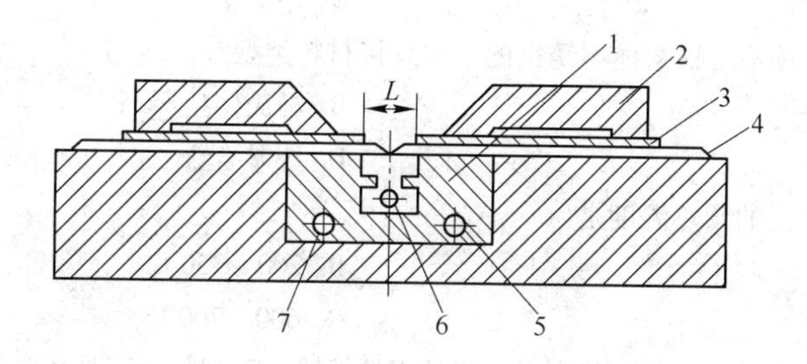

图 5-5　钛板氩弧焊背面通氩气保护用垫板示意图

1—铜垫板；2—压板；3—纯铜冷却板；4—钛板；5—出水管；
6，7—进水管；L—压板间距离

参 考 文 献

[1] 李亚江，栗卓新，陈芙蓉，等．焊接冶金学——材料焊接性［M］．2 版．北京：机械工业出版社，2016.
[2] 李亚江，李嘉宁，汪娟．有色金属焊接及应用［M］．2 版．北京：化学工业出版社，2015.
[3] 刘斌．金属焊接技术基础［M］．北京：国防工业出版社，2012.
[4] 周振丰，张文钺．焊接冶金与金属焊接性［M］．2 版．北京：机械工业出版社，1988.
[5] 丛树毅，陈美婷．熔焊基础与金属材料焊接［M］．北京：北京理工大学出版社，2016.
[6] 徐学利，李霄．金属材料焊接性［M］．北京：中国石化出版社，2015.
[7] 李亚江，等．高强钢的焊接［M］．北京：冶金工业出版社，2010.
[8] 杨海明，徐鸿．碳素钢与低合金钢的焊接［M］．沈阳：辽宁科学技术出版社，2013.
[9] 张其枢．不锈钢焊接技术［M］．北京：机械工业出版社，2015.
[10] 张丽红，郭玉利，张伟，等．金属材料焊接工艺［M］．北京：北京理工大学出版社，2014.
[11] 李亚江，等．轻金属焊接技术［M］．北京：国防工业出版社，2011.

[12] 赵熹华．焊接检验 [M]．北京：机械工业出版社，1993.
[13] 崔忠圻，覃耀春．金属学与热处理 [M]．2 版．北京：机械工业出版社，2007.

练习与思考题

5-1　选择题

5-1-1　焊接性是指同质或异质材料在制造工艺条件下，能够焊接形成完整接头并满足(　　)的能力。

A. 工艺焊接性　　B. 预期使用要求
C. 冶金焊接性　　D. 热焊接性

5-1-2　碳钢的焊接性主要取决于(　　)。

A. 碳含量　　B. 锰含量　　C. 硅含量　　D. 铁含量

5-1-3　下列钢材中工艺焊接性最好的是(　　)。

A. Q235　　B. 35 钢　　C. 45 钢　　D. 55 钢

5-1-4　下列钢材种类中，不属于合金结构钢的是(　　)。

A. 热轧、正火及控轧钢　　B. 低碳调质钢
C. 珠光体耐热钢　　D. 中碳钢

5-1-5　下列选项中哪一项不是铁素体不锈钢的主要焊接材料类型？(　　)

A. 铁素体型　　B. 马氏体型
C. 奥氏体型　　D. 镍基合金

5-1-6　灰铸铁电弧热焊时的预热温度是(　　)。

A. 不预热　　B. 200～350℃
C. 350～600℃　　D. 600～700℃

5-1-7　气孔是铝及铝合金焊接过程中很容易出现的焊接缺陷，下列哪项不是预防铝及铝合金焊接气孔产生的措施？(　　)

A. 严格限制保护气、焊丝、焊条等中的水分，使用前进行干燥
B. 采取大电流配合高速度焊接
C. 通过预热降低接头冷却速度
D. 采用局部锤击法

5-1-8　下列气体中，不宜用于铝及铝合金的熔化极气体保护焊作为保护气的是(　　)。

A. Ar　　B. Ar + He　　C. He　　D. Ar + CO_2

5-1-9　铜及铜合金焊接过程中，为了防止铜液从坡口背面流失，保证单面焊双面成型，在接头根部需要采用衬垫，下列选项中不可用于铜及铜合金焊接衬垫的是(　　)。

A. 铝合金衬垫　　B. 纯铜衬垫
C. 不锈钢衬垫　　D. 石棉垫

5-1-10　下列类型的铸铁，碳不以石墨形式存在的是(　　)。

A. 球墨铸铁　　B. 可锻铸铁
C. 灰铸铁　　D. 白口铸铁

5-2　简答题

5-2-1　什么是焊接性，影响焊接性的因素有哪些？

5-2-2　分析低碳钢的焊接性特点和焊接工艺要点。

5-2-3　珠光体耐热钢焊接时，选择焊接材料的原则是什么，焊后热处理对选择焊接材料有什么影响？

5-2-4　简述奥氏体不锈钢焊接产生热裂纹的原因及如何防止。

5-2-5　简述灰铸铁异质焊缝（非铸铁型）电弧冷焊的工艺特点。

5-2-6　简述各类铝及铝合金焊丝的性能特点。

5-3　综合分析题

5-3-1　综合合金结构钢的性能和用途后，可以将其分为哪几类，各类合金结构钢的焊接性之间有什么特点？

5-3-2　某厂制造直径 ϕ4m 的贮氧容器，所用钢材为 Q345，板厚 32mm，车间温度为 20℃，请为筒身环缝分析制定焊接工艺。（1）可选用哪几种焊接方法？（2）给出相应的焊接材料。（3）请指出其是否需要预热和焊后热处理，如果需要，温度大约多少？

6 焊接缺陷与焊接质量检测

工件在焊接加工时，焊缝金属和母材热影响区在高温或高压的作用下经历了熔化－凝固、塑性形变或高温相变的过程。焊接缺陷是指在焊接过程中，由于焊接方法与工艺参数的选择及控制不够理想而在焊接区域内产生的金属不连续、不均匀或连接不良等现象。不同程度的焊接缺陷会对焊接接头的各项性能产生不同的影响。工件经焊接加工后，需要采取一定的检测手段对焊缝质量进行检验和评判，经评定合格后方能交付使用。

6.1 焊接缺陷的危害

焊接缺陷会对焊接结构造成不同程度的结构变形、有效工作面积减小、应力集中、气密性破坏和机械力学性能恶化等不良影响，大大缩短了工件的工作性能和服役寿命，在某些高温、高压和易燃易爆的工作场合应用时存在着极大的安全隐患，容易引发重大安全事故，应引起广泛的关注。

和其他结构工件类似，焊接结构件在服役期间可能由于焊接缺陷等因素的影响而丧失了其规定功能，从而造成失效。失效的类型大致可以归结为以下几种类型：

（1）过量变形失效。包括过量弹性变形失效和过量塑性变形失效两种，均指因工件的变形量已超过了允许值而不能正常继续使用的情况，如超薄工件和精密器件经熔焊加工后，因受到残余应力的影响产生了严重变形，或尺寸精度超出了规定误差范围而无法正常使用等。

（2）断裂失效。包括韧性断裂、脆性断裂、疲劳断裂和蠕变断裂等形式，属于破坏失效。有些具有突发性，易造成灾难性后果，在焊接结构中也较为常见。

（3）表面损伤失效。包括腐蚀失效和磨损失效两种形式。腐蚀失效又分为应力腐蚀、腐蚀疲劳、氢脆、点蚀、缝隙腐蚀等形式。有些腐蚀的最终断裂失效也具有瞬时性，易造成严重后果，引发重大安全事故。后者是相互接触并作相对运动的构件由于机械作用而造成的表面损坏，又分黏着磨损、磨料磨损、接触疲劳磨损、微动磨损和气蚀等形式。在堆焊和喷涂产品工作过程中常遇到这种类型的失效。

（4）泄漏失效。焊接容器、管道类结构时，容易因焊接结构致密性不良而造成储存或输送的气相和液相物料发生泄漏，从而造成资源浪费、环境污染或起火、爆炸等事故。

引起焊接结构失效的原因是多方面的，其中涉及结构用材、接头形式设计、制造工艺和服役条件等因素。常见的几类焊接结构的主要失效形式见表6-1。

表6-1　几种典型焊接结构的主要失效形式

结 构 种 类	主 要 失 效 形 式
桥梁	疲劳、脆性断裂、挠曲变形、大气腐蚀
船舶	低周疲劳、脆性断裂、腐蚀和应力腐蚀

续表 6-1

结构种类	主要失效形式
海洋结构	腐蚀疲劳、低温脆断、节点部位层状撕裂
一般压力容器	脆性断裂、泄漏、腐蚀和应力腐蚀
化工工艺流程设备	一般腐蚀和应力腐蚀、蠕变
电站锅炉	应力腐蚀、蠕变、泄漏、低周疲劳
原子能核电站设备	中子辐射引起的脆化、蠕变、应力腐蚀、低周疲劳

【案例 6-1】 1975 年 5 月 10 日，岳阳石油化工厂用厚 34mm 的 Q390（15MnVR）钢焊制一台容积为 1000m^3 的球罐，制造时存在有较大角变形、错边和咬边等缺陷，由于大部分焊缝采用了酸性焊条焊接，导致焊缝和热影响区的塑性很差，在超载的情况下发生了爆炸事故。根据常温下对低碳钢和不锈钢等拉伸件塑性事故的调查，结果表明它们都具有以下特征：

（1）断口形貌分析表明断裂都伴随着明显的塑性变形。

（2）塑性断裂发生前，焊件发生过较为严重的宏观塑性变形，断后两断口合不拢，即恢复不到原形。

（3）接头断裂过程是先经历了弹性变形，达到屈服极限时材料发生屈服，进而产生塑性变形，当接头受到的应力达到材料的强度极限时发生断裂。整个断裂过程需要消耗较多能量。

（4）塑性断裂破坏往往是由微小开裂开始，慢慢扩展至整个接头，在常规检修中容易被发现，可采取有效预防措施。

（5）构件发生塑性断裂破坏时所受到的载荷要大于材料所能承受的极限载荷。

（6）塑性断裂的端口形貌一般呈纤维状，色泽较暗。断口边缘有剪切唇，断口附近有宏观的塑性变形。

（7）断口形状多为杯状或 45°斜断口。

（8）塑性断口微观形态特征为韧窝。

【案例 6-2】 第二次世界大战期间，美国建造了 4684 艘“约翰 · 布朗号”自由轮。投入使用后，事故接踵而来，有 970 艘发现了裂纹，其中，有 27 艘甲板裂开，有 7 艘完全断为两截。

美国“自由轮”发生的破坏事故，就是由于应力集中所引起的。以往这种形式的轮船采用铆接结构，虽然应力集中很大，但并未发生过事故。在采用了焊接结构后，却发生了一系列失效破坏事故，其原因主要是船体设计不合理，应力集中情况很严重。经改进后，某些关键部位的拐角由原来的尖角改为了圆角过渡，使应力集中的情况得到了改善，才从根本上解决了这个问题。

【案例 6-3】 2005 年 6 月，某石化公司对第 6 套脱水脱烃装置进行运行调试，其中的低温分离器由于存在未熔合和夹杂等焊接缺陷，未能及时检测出来并进行返修。当设备工作压力上升至 6. 24MPa 时发生爆炸，其爆炸碎片击中干气聚集器，引起连锁爆炸后发生火灾。事故共造成 2 人死亡，中央处理厂第 6 套脱水脱烃装置低温分离器损坏，周围部分管线电缆、照明设备受损，直接经济损失 928 万元，导致某气田从 6 月 3 日至 6 月 8 日供气停止，供气受影响时长达 126h。

6.2 焊接缺陷的分类和特征

焊接加工过程复杂，参数较多，焊接接头质量还与焊接技术人员的施焊技术和施焊环境密切相关，形成的焊接缺陷也形态各异。根据其性质、表现、形态、分布或可见程度，可把焊接缺陷分为成型缺陷、接合缺陷和性能缺陷几大类。

6.2.1 成型缺陷

6.2.1.1 固体夹杂

固体夹杂是指在焊接过程中，熔池中的熔渣、焊剂渣、氧化物或外来金属颗粒等固体杂质未能及时排出而被包裹在焊缝金属内所形成的一类焊接缺陷，如图 6-1 所示。

固体夹杂类缺陷可能是线状的、孤立的或成簇的，形状不规则，有点、条块等，黑度不均匀。一般条状夹杂都与焊缝平行，容易与未焊透、未熔合等缺陷共同出现。

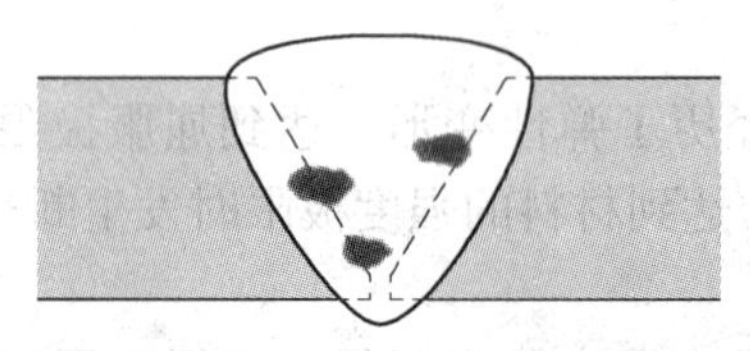

图 6-1 焊缝内部夹杂和焊缝夹渣

6.2.1.2 未焊透

未焊透是指焊接过程中实际熔深小于公称熔深，造成焊接接头的一个或两个熔合面未熔化所形成的一类焊接缺陷，如图 6-2 所示。

未焊透缺陷一般表现为比较规则的直线状，常伴有气孔或夹杂。在 V、X 形坡口的焊缝中，根部未焊透出现在焊缝中间，K 形坡口则偏离焊缝中心。

图 6-2 焊缝根部未焊透

6.2.1.3 形状及尺寸不良

形状及尺寸不良是指焊缝外表面形状或接头的几何形状不良的一类缺陷，包括有咬边、缩沟、焊缝余高过大、凸度过大、下塌、焊瘤、错边、角度偏差、烧穿、未焊满、变形过大等多种表现形式，见表 6-2。

表 6-2 各类形状及尺寸不良缺陷

缺陷类型	缺陷图示	缺陷类型	缺陷图示
表面咬边		下垂	
根部咬边		烧穿	
错边		未焊满	
角度偏差		电弧擦伤	电弧擦伤
飞溅		变形过大	

其他成型缺陷还包括电弧擦伤、飞溅、划痕、回火色、表面残留物和膨胀等多种表现形式。

6.2.2　接合缺陷

6.2.2.1　焊接裂纹

焊接裂纹是指在焊接力及其他致脆因素的共同作用下，焊接接头中局部区域的金属原子接合遭到破坏形成新界面而产生的缝隙，如图6-3所示。焊接裂纹是焊接中最为重要的缺陷之一，容易导致焊接接头出现工作截面减少、焊接结构的承载能力下降、应力集中、泄漏和腐蚀加剧等不良后果，应引起我们足够的重视。

焊接裂纹通常都具有尖锐的缺口和较大的长宽比等特征。裂纹产生的影响因素很多，机理复杂，表现特征和分布部位也各不相同。根据焊接裂纹的形成时间和基本特征，可以将其分为热裂纹和冷裂纹两类。

热裂纹一般是指高温下（从凝固温度范围附近至铁碳平衡图上的 A_3 线以上温度）所产生的如图6-3所示的裂纹，又称高温裂纹或结晶裂纹。热裂纹通常在焊缝内产生，有时也可能出现在热影响区。由于焊接熔池在结晶过程中存在着偏析现象，低熔点共晶和杂质在结晶过程中以液态间层存在形成偏析，凝固以后强度也较低，当焊接应力足够大时，就会将液态间层或刚凝固不久的固态金属拉开形成裂纹。此外，如果母材的晶界上也存在有低熔点共晶和杂质，则在加热温度超过其熔点的热影响区，这些低熔点化合物将熔化而形成液态间层，当焊接拉应力足够大时，也会被拉开而形成热影响区液化裂纹。

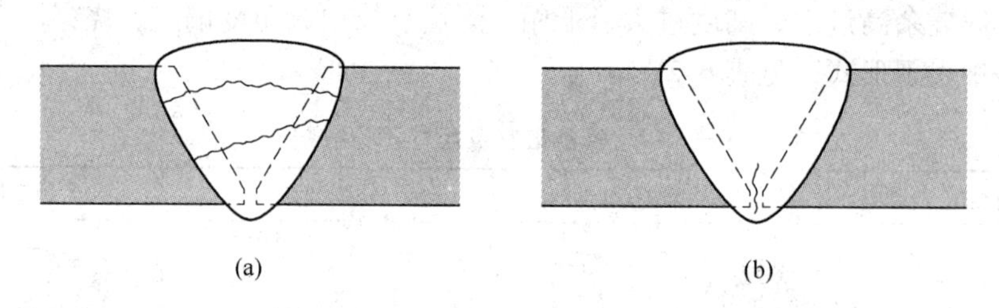

图6-3　热裂纹
（a）焊缝横向裂纹；（b）焊缝纵向裂纹

焊接热裂纹中，结晶裂纹一般沿晶间开裂，晶界有液膜，开口裂纹断口有氧化色彩，在杂质较多的碳钢、低中合金钢、奥氏体钢、镍基合金和铝的焊接中较易出现；在焊缝中沿纵向分布，沿晶界方向呈人字形，在弧坑中沿各方向或呈星形，裂纹走向沿奥氏体开裂。液化裂纹也是沿晶间开裂，有液化行为，断口有共晶凝固现象；在含S、P、C较多的镍铬高强钢、奥氏体钢和镍基合金容易出现，一般分布在热影响区粗大奥氏体晶粒的晶界，在熔合区中发展以及存在于多层焊的前一层焊缝中。多变化裂纹表面比较平整，有塑性变形痕迹，沿奥氏体晶界形成和扩展，无液膜；在纯金属和单相奥氏体合金中较为容易出现，一般分布在焊缝中，少量出现在热影响区和分布在多道焊前一层焊缝中。

冷裂纹一般是指焊缝在冷却过程中至 A_3 温度以下所产生的裂纹，如图6-4所示。形成裂纹的温度通常为300～200℃以下，在马氏体转变温度范围内，故称冷裂纹。冷裂纹可以在焊接后立即出现，也可以在焊接以后的较长时间才发生，故也称为延迟裂纹。由于冷裂纹的产生与氢有关，也称氢致裂纹。冷裂纹的产生具有延迟性质，有可能造成预料不到的严重事故。因此，它具有更大的危险性，必须充分重视。

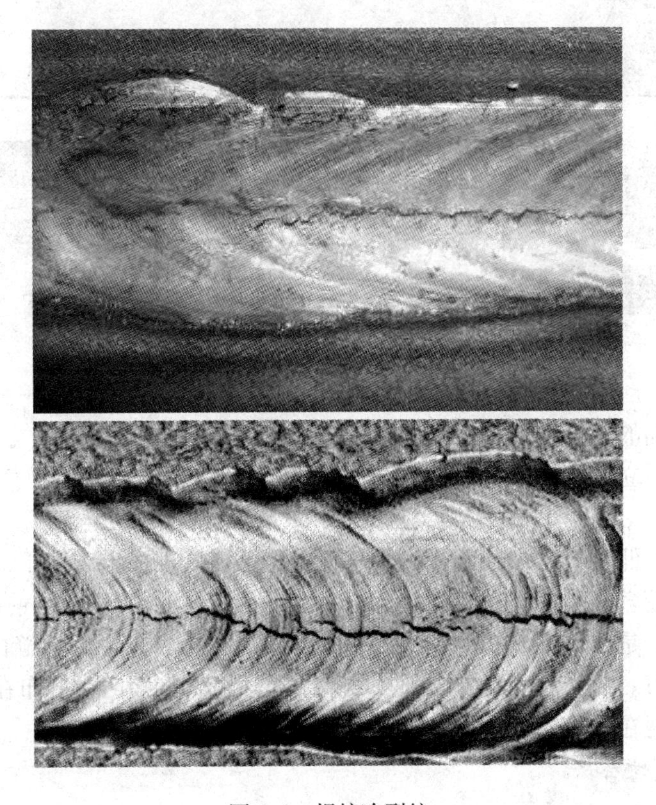

图 6-4　焊接冷裂纹

冷裂纹中，延迟裂纹有延迟特征，焊后几分钟至几天出现，往往沿晶启裂，穿晶扩展，断口呈氢致准解理形态。在中、高碳钢，低、中合金钢和钛合金中较为容易出现，一般分布在热影响区的焊趾、焊根和焊道下，少量分布在焊缝中。淬硬脆化裂纹无延时特征，沿晶启裂与扩展，断口非常光滑，极少有塑性变形痕迹。在含碳的 Ni-Cr-Mo 钢、马氏体不锈钢和工具钢中比较常见，一般分布在热影响区，少量分布在焊缝。低塑性脆化裂纹一般出现在铸铁和堆焊硬质合金等母材延性很低、无法承受应变的工件，往往是在焊接的同时就会产生，断口非常光滑，可听到脆性响声。

6.2.2.2　气孔

焊接时，熔池中的气泡在凝固时未能及时逸出而形成的空穴称为气孔，如图 6-5 所示。气孔是焊接生产中经常遇到的一种缺陷，它不仅会削弱焊缝的有效工作截面面积，同时也会带来应力集中，显著降低焊缝金属的强度和韧性，对动载强度和疲劳强度十分不利。在个别情况下，气孔还会引起裂纹。

气孔的特征为氢气孔时断面形状多为螺丝形，从焊缝表面上看呈现圆喇叭形，其四周有光滑的内壁；氮气孔与蜂窝相似，常成堆出现；CO 气孔的表面光滑，呈条虫状；在含氮量较高的焊缝金属中出现的鱼眼缺陷，实际上是圆形或椭圆形氢气孔，在其周围分布有脆性解理扩展的裂纹，形成围绕气孔的白色环脆断区，形貌如鱼眼。

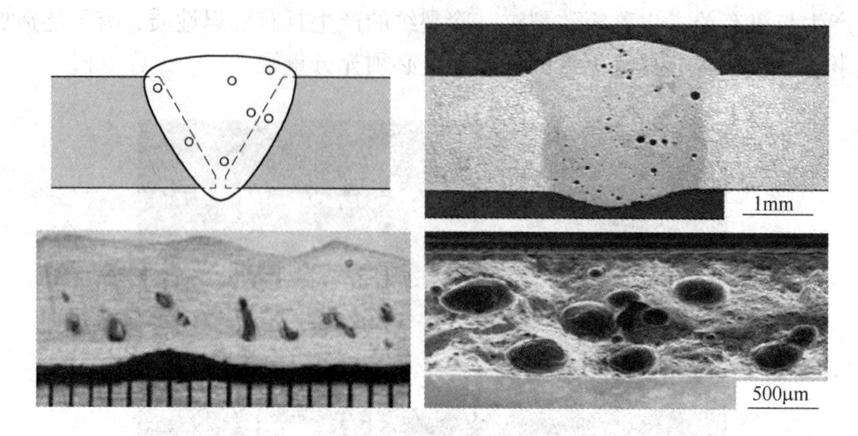

图 6-5　焊缝气孔形态

气孔可按不同的特征区分为不同的类型，如按其形态区分为球形气孔和条虫形气孔，按其分布区分为孤立气孔和均布气孔等，按其形成机理区分为析出型气孔和反应型气孔等等。

对于低碳钢和低合金钢焊接而言，氢气孔出现在焊缝表面上，对于铝、镁合金焊接和焊条药皮中含有较多结晶水而言，氢气孔也会出现在焊缝的内部。氮气孔多出现在焊缝表面，但多数情况下是成堆出现的，与蜂窝相似。CO 气孔多产生于焊缝内部结晶界面上，沿其结晶方向分布。横焊时气孔常出现在坡口上部边缘，仰焊时常分布在焊缝底部或焊层中，有时候也出现在焊道的接头部位及弧坑处。

6.2.2.3　未熔合

在熔化焊时，焊道与母材之间或焊道与焊道之间未完全熔化而结合的部分称为未熔合，其形式可能为侧壁未熔合、焊道间未熔合或根部未熔合等，如图 6-6 所示。未熔合是一种面积缺陷，对承载截面积的减小都非常明显，应力集中也比较严重，其危害性仅次于裂纹。这种缺陷有时间隙很大，与熔渣难以区别。有时虽然结合紧密但未焊合，往往从未熔合区末端产生裂纹。

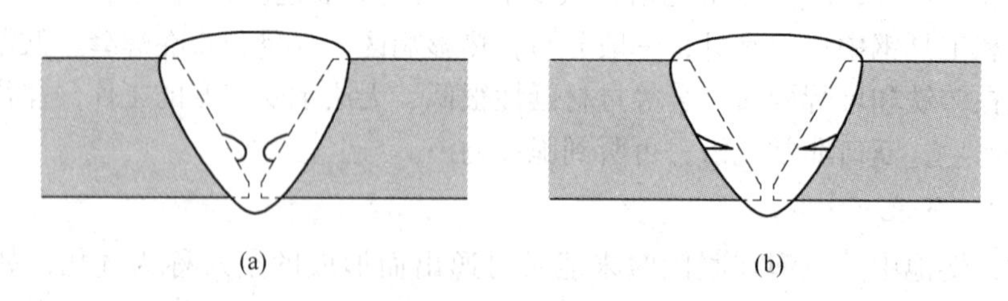

图 6-6　未熔合
（a）内部未熔合；（b）侧壁未熔合

6.2.3　性能缺陷

性能缺陷主要是指在焊接进行后焊缝中出现的硬化、软化、脆化、耐蚀性下降以及疲劳强度下降的现象。其导致力学性能下降的原因主要有焊缝金属具有铸造的金属组织，结晶边界存在低熔点物质，焊缝金属化学成分发生变化和接头中存在热应力和热影响区等；导致其耐蚀性能下降的原因主要有焊缝化学成分发生改变，晶界出现易被腐蚀的物质或晶界合金元素扩散，焊接接头存在严重应力和焊接接头在焊接热循环中经受敏化温度等。

6.3 焊接缺陷形成的原因和影响因素

焊接缺陷的形成与焊接方法密切相关，受母材、焊料、焊接热源、施焊方式和保护形式等因素影响，不同材料以及不同的应用场合适用的焊接方法不同，缺陷形成也各有特点。本节内容将依据多种应用广泛的焊接方法对各类焊接缺陷的形成原因、影响因素与预防措施进行分析，见表6-3～表6-6。

表6-3 焊条电弧焊常见焊接缺陷及其产生原因和防止措施

缺陷类型	含　义	产 生 原 因	防 止 措 施
未焊透	焊接时，接头根部未完全熔透的现象	焊接规范不当或装配不良（如钝边过小、电流过小和间隙过窄等）	严格控制坡口尺寸及装配间隙、钝边厚度、焊条角度；焊接电流应合适，注意电弧偏吹
未熔合	焊接时，焊道与母材之间或焊道与焊道之间未完全熔化结合的部分；点焊时母材与母材之间未完全熔化结合的部分	焊接规范不当或装配不良	多层多道焊注意焊接规范合适，严格控制装配尺寸
咬边	由于焊接参数选择不当，或操作工艺不正确，沿焊趾的母材部位产生沟槽或凹陷	焊接电流过大，电弧过长或运条不当；横焊时坡口两侧停留时间过长	正确选择焊接规范，弧长及运条合适；横焊时焊条角度合适，令熔化金属与母材均匀过渡
焊瘤	焊接过程中，熔化金属流淌到焊缝之外未熔化的母材上所形成的金属瘤	焊接电流过大，击穿焊接燃弧时间过长、装配尺寸不合理、灭弧时间短、熔孔过大，导致熔池局部温度过高	合理选择电流，严格装配间隙，保证钝边厚度，控制熔池温度变化，温度过高应立即灭弧
气孔	焊接时熔池中的气泡在凝固时未能逸出而残留下来所形成的空穴	焊条未按规定烘烤；焊条药皮损伤，引弧不当；熔池过厚，弧柱对熔池保护不良；母材存在油污、杂质	焊条按要求烘烤；用短弧焊接；运条正确，收尾短弧灭弧果断；焊接注意清理母材表面油污、锈及杂质
凹坑	焊后在焊隙表面或焊缝背面形成的低于母材表面的局部低洼部分	铁水在自重条件下表面张力不一致时产生	保证正常弧长，焊接电流合适，运条均匀一致
塌陷	单面熔化焊时，由于焊接工艺不当，造成焊缝金属过量透过背部，而使焊缝正面塌陷，背面凸起的现象	焊缝外表尺寸过大，焊条摆动不均匀、焊接规范不当	焊接规范合适，运条均匀，速度一致
裂纹	热裂纹：焊接头冷却时，温度处在固相线附近的高温阶段出现的裂纹； 冷裂纹：在较低温度形成的裂纹	焊条或母材含杂质过多（如S、P等）； 工件点固不适；焊接应力过大，焊缝加强面过小	母材及焊条合适，严格装配尺寸，防止焊接应力过大，点固焊缝长短合适，有一定加强面，采用合理焊接顺序

续表 6-3

缺陷类型	含　义	产生原因	防止措施
夹渣	焊后残留在焊缝中的熔渣	操作技术不良，使溶池中熔渣不能浮出；母材存在杂质	焊接过程中注意焊条角度及运条方式，及时将熔渣用电弧吹出；焊前清理母材杂质及层间焊道
夹杂物	焊接冶金反应产生的焊后残留在焊缝金属中的非金属杂质（如氧化物、硫化物等）	焊条及母材中非金属杂质过多	严格选材，尽量减少母材及焊条中氧化物、硫化物等的含量

表 6-4　埋弧焊常见焊接缺陷及其产生原因和防止、消除措施

缺陷类型		产生原因	防止、消除措施
焊缝表面成型不良	宽度不均匀	(1)焊接速度不均匀; (2)焊丝给送速度不均匀; (3)焊丝导电不良	防止: (1)找出原因排除故障; (2)找出原因排除故障; (3)更换导电嘴衬套(导电块)。 消除:酌情部分用手工焊焊补修整并磨光
	堆积高度过大	(1)电流太大而电压过低; (2)上坡焊时倾角过大; (3)环缝焊接位置不当(相对于焊件的直径和焊接速度)	防止: (1)调节焊速; (2)调整上坡焊倾角; (3)相对于一定的焊件直径和焊接速度,确定适当的焊接位置。 消除:去除表面多余部分,并打磨圆滑
	焊缝金属满溢	(1)焊接速度过慢; (2)电压过大; (3)下坡焊时倾角过大; (4)环缝焊接位置不当; (5)焊接时前部焊剂过少; (6)焊丝向前弯曲	防止: (1)调节工艺参数; (2)调节电压; (3)调整下坡焊倾角; (4)相对一定的焊件直径和焊接速度,确定适当的焊接位置; (5)调整焊剂覆盖状况; (6)调节焊丝桥直部分。 消除:去除后适当刨槽并重新覆盖
	中间凸起而两边凹陷	药圈粉过低并有沾渣,焊接时熔渣被沾渣施压	防止:提高药圈粉,使焊剂覆盖高度达 30 ~ 40mm。 消除: (1)提高药圈粉,去除沾渣; (2)适当焊补或去除重焊
咬边		(1)焊丝位置或角度不正确; (2)焊接工艺参数不当	防止: (1)调整焊丝; (2)调节工艺参数。 消除:去除夹渣补焊
未熔合		(1)焊丝未对准; (2)焊缝局部弯曲过大	防止: (1)调整焊丝; (2)精心操作。 消除:去除欠缺部分后补焊

续表 6-4

缺陷类型	产生原因	防止、消除措施
未焊透	(1)焊接工艺参数不当(如电流过小,电弧电压过高); (2)坡口不合适; (3)焊丝未对准	防止: (1)调整工艺参数; (2)修正坡口。 消除:去除缺欠部分后补焊,严重的需整条退修
内部夹渣	(1)多层焊时,层间清渣不干净; (2)多层分道焊时,焊丝位置不当	防止: (1)层间清渣彻底; (2)每层焊后发现咬边夹渣必须清除修复。 消除:去除缺欠补焊
气孔	(1)接头未清理干净; (2)焊剂潮湿; (3)焊剂(尤其是焊剂垫)中混有垃圾; (4)焊剂覆盖层厚度不当或焊剂斗堵塞; (5)焊丝表面清理不够; (6)电压过高	防止: (1)接头必须清理干净; (2)焊剂按规定烘干; (3)焊剂必须过筛、吹灰、烘干; (4)调节焊剂覆盖层高度,疏通焊剂斗; (5)焊丝必须清理,清理后应尽快使用; (6)调整电压。 消除:去除缺欠后补焊
裂纹	(1)焊件、焊丝、焊剂等材料配合不当; (2)焊丝中含碳、硫量较高; (3)焊接区冷却速度过快而致热影响区硬化; (4)多层焊的第一道焊缝截面过小; (5)焊缝成型系数太小; (6)角焊溶深太大; (7)焊接顺序不合理; (8)焊件刚度大	防止: (1)合理选配焊接材料; (2)选用合格焊丝; (3)适当降低焊速以及焊前预热和焊后缓冷; (4)焊前适当预热或减少电流,降低焊速(双面焊适用); (5)调整焊接工艺参数和改进坡口; (6)调整工艺参数和改变极形(直流); (7)合理安排焊接顺序; (8)焊前预热及焊后缓冷。 消除:去除缺欠后补焊
焊穿	焊接工艺参数及其他工艺因素配合不当	防止:选择适当规范。 消除:缺欠处修整后焊补

表 6-5 钨极氩弧焊常见焊接缺陷及其产生原因和防止措施

缺陷类型	产 生 原 因	防 止 措 施
夹钨	(1) 接触引弧; (2) 钨电极熔化	(1) 采用高频振荡器或高压脉冲发生器引弧; (2) 减少焊接电流或加大钨电极直径,旋紧钨电极夹头和减小钨电极伸出长度; (3) 调换有裂纹或撕裂的钨电极
气保护效果差	氢、氮、空气、水气等有害气体污染	(1) 采用纯度为99.99%(体积分数)的氩气; (2) 有足够的提前送气的滞后停气时间; (3) 正确连接气管和水管,不可混淆; (4) 做好焊前清理工作; (5) 正确选择保护气流量、喷嘴尺寸、电极伸出长度等

续表 6-5

缺陷类型	产 生 原 因	防 止 措 施
电弧不稳	（1）焊件上有油污； （2）接头坡口太窄； （3）钨电极污染； （4）钨电极直径过大； （5）弧度过长	（1）做好焊前清理工作； （2）加宽坡口，缩短弧长； （3）去除污染部分； （4）使用适合尺寸的钨电极及夹头； （5）压低喷嘴距离
钨极损耗过距	（1）气保护不好，钨电极氧化； （2）反极性链接； （3）夹头过热； （4）钨电极直径过小； （5）停焊时钨电极被氧化	（1）清理喷嘴，缩短喷嘴距离，适当增加氩气流量； （2）增大钨电极直径或改为正接法； （3）磨光钨电极，调换夹头； （4）调大直径； （5）增加滞后停气时间，电流为 10A 时滞后时间不少于 1s

表 6-6　钎焊接头常见焊接缺陷及其产生原因和防止措施

缺陷类型	产 生 原 因	防 止 措 施
部分间隙未填满	（1）接头设置不合理； （2）钎剂或钎料选择不当； （3）钎焊前表面清理不好； （4）钎焊温度不够或不均匀； （5）钎料数量不足	（1）确定正确的间隙； （2）选择合适的钎剂和钎料； （3）仔细清理焊件表面； （4）使钎焊温度符合要求； （5）保证足够的钎料
钎缝气孔	（1）钎剂去膜作用或保护气体去氧化物作用差； （2）母材或钎料中析出气体； （3）钎料过热	（1）仔细清理焊件； （2）选用合适的钎料； （3）降低钎焊速度，缩短保温作用
钎缝夹渣	（1）接头间隙不当； （2）钎剂用量过多或过少； （3）钎剂密度过大； （4）钎料用量不当； （5）钎剂、钎料不匹配； （6）加热不均匀	（1）选择合适间隙； （2）钎剂的密度和用量适当； （3）钎料从一端加入； （4）钎料和钎剂的熔点要匹配； （5）加热必须均匀
钎料流失	（1）钎焊温度过高； （2）钎焊时间过长； （3）钎料与钎焊金属发生化学反应； （4）钎剂、钎料量过大	（1）合理选择钎焊温度和焊接时间； （2）选用合适的钎料、钎剂
钎焊区域钎料表面不光滑	（1）钎焊温度过高； （2）钎焊时间过长； （3）钎剂不足； （4）钎料金属晶粒大	（1）合理选择钎焊温度和焊接时间； （2）合理选择钎料金属
钎缝裂纹	（1）接头设置不合理； （2）钎焊后冷却速度太快； （3）母材与钎料的线膨胀系数相差太大； （4）钎缝脆性过大	（1）合理设置接头； （2）减少钎焊后的冷却速度； （3）母材与钎料线膨胀系数应接近； （4）降低钎焊温度，缩短保温时间

续表 6-6

缺陷类型	产 生 原 因	防 止 措 施
母材裂纹	（1）母材过热或过烧； （2）钎料向母材晶间渗入； （3）由于加热不均匀或刚性夹持焊件，引起过大压力； （4）钎缝表面受到锤击或有划痕	（1）严格控制钎焊温度和保温时间； （2）改变钎料成分，控制钎料用量
钎焊金属发生溶蚀	（1）加热温度过高； （2）加热时间过长； （3）钎料过多； （4）钎料成分选择不当	（1）严格控制钎焊温度和加热时间； （2）改变钎料成分，控制钎料用量

在实际焊接加工时，需根据母材的焊接特性与工艺设计要求，选用合适的焊接方法，严格按照焊接规范进行施焊作业，避免焊接缺陷产生，保证工件焊接接头质量和性能。

6.4 焊接检验的重要性

焊接生产的质量检验简称焊接检验，它是根据产品的有关标准和技术要求，对焊接生产过程中的原材料、半成品、成品的质量以及工艺过程进行检查和验证。目的是保证产品符合质量要求，防止废品的产生。

焊接检验既关系到企业的经济效益，也关系到社会效益，具体表现为：

（1）生产过程中，若每一道工序都进行检验，就能及时发现问题及时进行处理，避免了最后发现大量缺陷，工件难以返修而造成报废，导致时间、材料和劳力浪费，使制造成本增加。

（2）新产品试制过程中，通过焊接检验就可以发现新产品设计和工艺中存在的问题，从而可以改进产品设计和焊接加工工艺，使新产品的质量得以保证和提高，为社会提供适用而安全可靠的新产品。

（3）产品在使用过程中，定期进行焊接检验，可以发现在使用过程产生但尚未导致破坏的缺陷，及时消除得以防止事故发生，从而延长产品的使用寿命。

焊接检验对于生产者，是保证产品质量的手段；对于主管部门，是对企业进行质量评定和监督的手段；对于用户，则是对产品进行验收的重要手段。检验结果是产品质量、安全和可靠性评定的依据。

根据检验时的加工时段和检验内容，焊接检验可以分为技术能力检验、焊前检验、中间检验和焊后成品检验等类别。常用的焊接检验方法可分为工艺性检验、破坏性检验和非破坏性检验等大类，每种大类又包含若干小类，本章内容将简要介绍非破坏性检验中的外观检验法和几种常见的无损检测方法。

6.5 焊接缺陷验收相关标准

针对焊接结构在制造或使用过程中发现了各种类型缺陷时如何验收，能否不经修复就使用等问题，目前国内外均已建立了适用于焊接结构设计、制造和验收的“合于使用”

原则的标准或法规，这些标准和法规基本上都是建立在断裂力学的基础上。

国际焊接学会（IIW）早在1975年就发表了按脆断观点来评判的缺陷评定标准草案，1990年发布了《焊接结构合于使用评定指南》(IIW/IIS－SST－1157－90)。我国在1984年由压力容器学会等若干学术团体联合编制了《压力容器缺陷评定规范》(CVDA—1984)，主要用于在役压力容器的缺陷评定。1991年原机械工业部颁布了《焊接接头脆性破坏的评定》(JB/T 5104—1991)，适用于非奥氏体钢焊接结构熔焊接头中有裂纹或类裂纹缺陷的脆断评定。在国家“八五”期间开展了“锅炉压力容器安全评估与爆炸预防”的课题研究，制定了我国新的“在役含缺陷压力容器安全评定规程”(SAPV)，它既保存了CVDA—1984评定规范的精华，又广泛参考了国外先进方法，结合国情对面型缺陷提出了具有我国特色的三级评定方法。

国内外制定的“合于使用”评定标准中都要考虑应力、类裂纹缺陷和断裂韧度三个要素，虽然不同标准在处理方法上有些差异，但总思路上差别不大。我国“合于使用”评定标准的基本思路是：通过无损检测获得缺陷的性质、形状、位置和尺寸大小并进行规格化，即转换成等效的（又称当量的）贯穿裂纹（半长）尺寸 $\tilde{a}$，然后根据应力应变分析及材料的断裂韧度（K_{IC}、δ_C 或 J_C 等）进行断裂评定，或者求出相应的允许裂纹（半长）尺寸（又称裂纹容限）$\tilde{a}_m$，与 $\tilde{a}$ 相比较来决定存在缺陷的结构是否可以通过验收。当 $\tilde{a} < \tilde{a}_m$ 时，则认为该缺陷允许存在，合于使用而不必处理。

对部分常见焊接缺陷的评级情况节选如表6-7所示。

表6-7　常见焊接缺陷分级

缺陷名称	GB/T 6417代号	说　明	缺陷质量分级限值		
			一般 D	中等 C	严格 B
裂纹	100	除显微裂纹（$hl \leq 1mm^2$）、弧坑裂纹以外的所有裂纹	不允许		
弧坑裂纹	104		允许	不允许	
气孔及密集气孔	2011	缺陷必须满足下列条件及限值： (1) 投影区域或断裂面内缺陷总和的最大尺寸；	4%	2%	1%
	2012 2014 2017	(2) 单个气孔的最大尺寸： ——对接焊缝 ——角焊缝 (3) 单个气孔的最大尺寸	 $d \leq 0.5s$ $d \leq 0.5a$ 5mm	 $d \leq 0.4s$ $d \leq 0.4a$ 4mm	 $d \leq 0.3s$ $d \leq 0.3a$ 3mm
条形气孔 虫形气孔	2015 2016	长缺陷： ——对接焊缝 ——角焊缝 任何条件下，条形气孔、虫形气孔的最大尺寸	$h \leq 0.5s$ $h \leq 0.5a$ 2mm	不允许	不允许
		短缺陷： ——对接焊缝 ——角焊缝 任何条件下，条形气孔、虫形气孔的最大尺寸	$h \leq 0.5s$ $h \leq 0.5a$ 4mm	$h \leq 0.4s$ $h \leq 0.4a$ 3mm	$h \leq 0.3s$ $h \leq 0.3a$ 2mm

续表 6-7

缺陷名称	GB/T 6417代号	说明	缺陷质量分级限值		
			一般 D	中等 C	严格 B
固体夹杂（铜夹杂除外）	300	长缺陷： ——对接焊缝 ——角焊缝 任何条件下，固体夹杂的最大尺寸	$h \leqslant 0.5s$ $h \leqslant 0.5a$ 4mm	不允许	不允许
		短缺陷： ——对接焊缝 ——角焊缝 任何条件下，固体夹杂的最大尺寸	$h \leqslant 0.5s$ $h \leqslant 0.5a$ 4mm	$h \leqslant 0.4s$ $h \leqslant 0.4a$ 3mm	$h \leqslant 0.3s$ $h \leqslant 0.3a$ 2mm
铜夹杂	3024		不允许		
未熔合	401		允许，但只能是间断性的，而且不得造成表面开裂	不允许	

缺陷等级评定的依据可分为一般技术要求和高技术要求两方面进行讨论，其中，在一般技术要求中，凡是已经有产品设计规程或法定规则的产品，应该遵循这些规定，换算成相应的级别。对没有相应规程或法定验收规则的产品，在确定级别时应考虑载荷性质、服役环境、产品失效后的影响、选用材质和制造条件等因素；在高技术要求中，对技术要求较高但又无法实施无损检验的产品，必须对焊工操作及焊接工艺实施产品适应性模拟机考核，并明确规定焊接工艺实施的全过程监督制度和责任记录制度。

6.6 焊缝质量外观检验

外观检验是指通过肉眼或低倍放大镜以及标准样板或量具对焊缝的外形尺寸、未熔合、咬边、焊瘤、表面裂纹和表面气孔等表面缺陷进行检验的一种简单而不可缺少的检查方法，表 6-8 是对接焊缝表面形状目视检验。通过外观检查还可以估计焊缝内部可能存在的缺陷。如果焊缝表面出现咬边和焊瘤，则内部可能会未焊透或未熔合；焊缝表面多孔，则内部可能存在密集气孔、疏松或夹渣等。

表 6-8 对接焊缝表面形状目视检验

焊接参数分析	焊接缺陷
正常焊接电流、焊速、弧长	外形均匀，熔深足够
正常焊接电流，低焊速	余高过高，熔深不足
低焊接电流，正常焊速	焊缝过窄，波纹不均匀、中间凸起、咬边
正常焊接电流，焊速过快	波纹不均匀、咬边、熔深不足
正常焊速，焊接电流过大	波纹拉长，飞溅、熔深过大、咬边
正常焊接电流，弧长过大	熔深不均匀，内部气孔、夹渣

在多层焊时，根部焊道最先施焊，散热快，容易产生根部裂纹、未焊透、气孔和夹杂等缺陷，而且还承受着随后各层焊接时所引起的横向拉应力，应重点检查。对低合金高强度钢焊接接头宜进行两次检查，一次在焊后即检，另一次隔15～30天后再检查，看是否产生延迟裂纹。对含Cr、Ni和V元素的高强度钢耐热钢若需做消应力热处理，处理后也要观察是否产生再热裂纹。

6.7 焊缝质量无损检测方法

无损检测方法用以测定焊缝的内部缺陷。通过无损检测，可以对焊缝内部的裂纹、气孔、夹渣、未焊透等缺陷较准确地检查出来，而对焊接接头的组织和性能没有任何损伤。无损检测是目前常用的焊接检验方法。

目前应用较为广泛的无损检测方法有射线检测、超声波检测、磁粉检测和渗透检测等。本节内容主要针对各检测方法的基本原理、检验特点和适用场合做初步介绍。

6.7.1 射线检测

射线检测在工业上有着非常广泛的应用，它既用于金属检查，也用于非金属检查。对金属内部可能产生的缺陷，如气孔、针孔、夹杂、疏松、裂纹、偏析、未焊透和熔合不足等，都可以应用射线进行检验。应用的行业有特种设备、航空航天、船舶、兵器、水工成套设备和桥梁钢结构。

射线检测是利用强度均匀的射线束透射物体，当物体局部区域存在缺陷或结构存在差异时，射线被吸收衰减的程度将不同，使得不同部位透射射线强度不同，采用一定的检测器（如胶片）检测透射射线强度，就可以判断物体内部的缺陷和物质分布等，见图6-7。

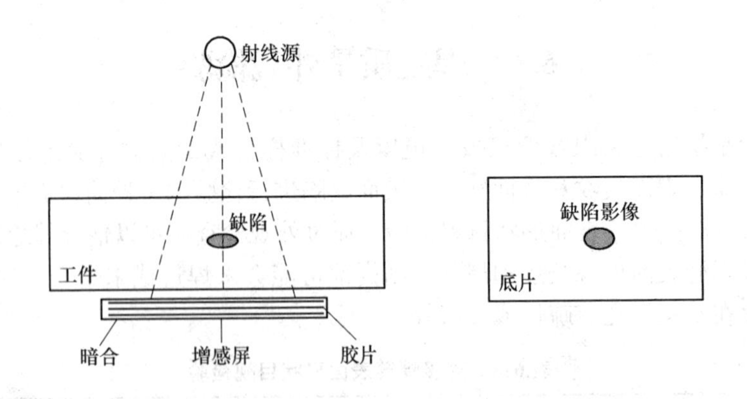

图6-7 射线检测示意图

射线的种类很多，其中X射线探伤是最为常见的一种射线检测方式。X射线是高能电子束轰击金属靶时释放出的高能电磁辐射。X射线因其波长短，能量大，照射在物体上时，仅一部分被吸收，大部分经由原子间隙透过，表现出很强的穿透能力。X射线穿透物质的能力与其光子能量有关，光子的能量越大，穿透力越强。

射线检测缺陷显示直观，能够比较准确地判断出缺陷的性质、数量、尺寸和位置，对气孔和夹渣等形成局部厚度差的缺陷有很高的检出率。射线照相能检出的长度和宽度尺寸分别为毫米数量级和亚毫米数量级，几乎不存在检测厚度下限。射线检测几乎适用于所有材料，在钢、钛、铜、铝等金属材料上使用均能得到良好的效果。该方法对试件的形状、表面粗糙度没有严格要求，材料晶粒度对其不产生影响。

射线检测也存在一定的不足之处，例如对裂纹类缺陷的检出率则受透照角度的影响，且不能检出垂直照射方向的薄层缺陷，检测厚度上限受射线穿透能力的限制等。射线检测一般不适宜钢板、钢管、锻件的检测，也较少用于钎焊、摩擦焊等焊接方法的接头的检测。同时，射线照相法检测成本较高，检测速度较慢，射线对人体有伤害，需要采取防护措施。

X 射线检验的主要参数包括管电压、管电流、焦点形式和尺寸等。其中，管电压决定了 X 射线的穿透能力，管电压越高，射线的穿透能力越强，有效检测厚度越厚。同时，管电压过高，会影响缺陷显现的灵敏度。在满足穿透能力的前提下，应尽可能选用低电压，以减少散射影响，从而提高底片显影的清晰度。管电流影响检测曝光时间的长短，在相同的曝光量要求下，管电流越大，曝光时间越短，底片显影清晰度越高，故应尽可能选用较大的管电流进行检测。减小焦点尺寸，有利于提高射线检测的灵敏度和分辨率。

6.7.2 超声检测

超声波是频率大于 20kHz 的机械振动在弹性介质中的一种传播过程，也即是一种超声频率的机械波。探伤检验中常用的超声波频率为 0.5 ~ 10MHz，一般是通过超声波探伤仪产生电磁振荡并施加于探头，利用其晶片的压电效应获得的。根据波动中质点振动方向与波的传播方向的不同关系，可将波动分为多种波形，在超声检测中主要应用的波形有纵波、横波、表面波和兰姆波。根据波动阵面的形状，可将波动分为平面波、柱面波和球面波等。

超声波如果是在无限大的介质中传播，将一直向前传播，并不改变方向。但如果遇到异质界面（声阻抗差异较大的界面）时，就会产生反射和透射，一部分超声波在界面上被反射回第一介质，另一部分透过介质界面进入到第二种介质中。

超声波检验的原理，是利用超声波通过焊缝中具有不同的声阻抗（材料体积质量与声速的乘积）的缺陷与正常组织异质界面时会发生反射现象来检测缺陷的。探伤时，由探头中的压电换能器发射脉冲超声波，通过声耦合介质（水、油、甘油或糨糊等）传播到焊件中，遇到缺陷和正常组织异质界面时就会产生反射波，然后再由另一个类似的探头或同一个探头接收反射波，经换能器转换成电信号，放大后显示在荧光屏上或打印在纸带上。超声波检测示意图如图 6-8 所示。根据探头位置和声波的传播时间（荧光屏上回波的位置）可求得缺陷的位置，反射波的幅度可以近似地评估缺陷的大小。

超声波检测时，焊缝中缺陷的位置、形状和方向会直接影响缺陷的声反射率。超声波探测焊缝的方向越多，波束垂直于缺陷平面的概率就越大，缺陷的检出率也越高，其评定结果也越准确。一般根据焊缝探测方向多少，把超声波探伤划分为若干个检验级别。在《钢焊缝手工超声波探伤方法和探伤结果分级》(GB 11345—1989) 中把检验划分为 A、B、C 三个等级，检验的完善程度依次升高，其中 A 级检验适用于普通钢结构，B 级适合于受

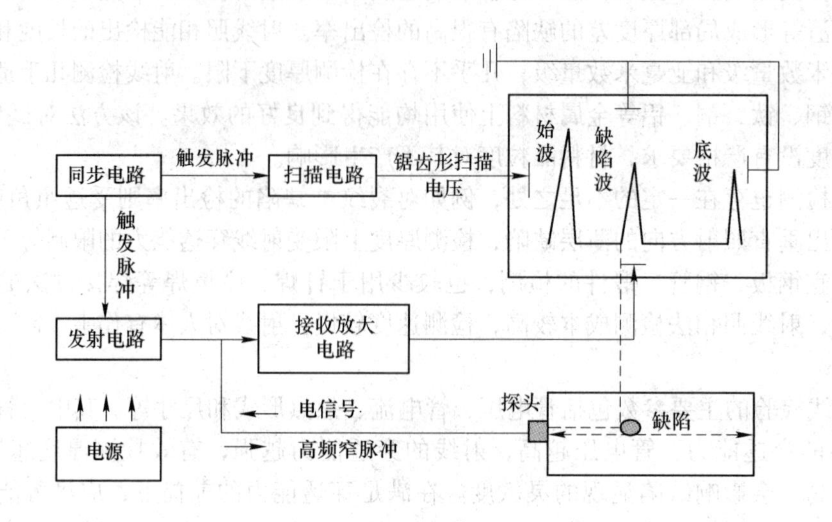

图 6-8　超声波检测示意图

压容器，C 级适用于核容器和管道。

超声波检测几乎适用于所有金属、非金属和复合材料等材质制件的无损检测。其穿透力强，可对较大厚度范围内的制件内部缺陷进行检验，如对金属制件进行检验时，可有效适应 1mm 到几米的待检工件厚度。在检测过程中，具有缺陷的定位较为准确，对面积型缺陷的检出率较高，灵敏度高，可检测制件内部尺寸很小的缺陷，检测成本低、速度快，设备轻便，对人体和环境无害等优点。超声波检测的局限性主要表现为对制件中缺陷精确的定性、定量分析仍需作深入研究，对具有复杂形状或不规则外形的制件进行超声检测有困难，缺陷的位置、取向和形状对检测结果有影响，材质和颗粒度对检测结果有较大影响以及常用的手工 A 型脉冲反射法检测时结果显示不直观，且检验结果无直接见证记录等。

为使声束能够较好地透入界面射入工件中，在探头和工件之间施加的一层透声介质（称为耦合剂），其主要起到排除空气、填充间隙、减少探头磨损和便于探头移动等作用。在选用耦合剂时，需要考虑以下几方面：

（1）能有效润湿工件和探头表面，流动性、黏度和附着力适当，容易清洗；

（2）声阻抗大，透声性能好；

（3）来源广，价格便宜；

（4）对工件无腐蚀作用，对人体无害，不造成环境污染；

（5）性能稳定，不易变质，能长期保持等。

常用的耦合剂有机油、变压器油、甘油、化学糨糊、水和水玻璃等，焊缝探伤中多采用化学糨糊或甘油。

6.7.3　渗透检测

渗透检验是利用带有荧光染料或红色染料渗透剂的渗透作用，显示缺陷痕迹的无损检验方法，主要适用于探测某些非铁磁性材料，如不锈钢、铜、铝和镁合金等材料制件的表面缺陷。图6-9是渗透检测示意图。

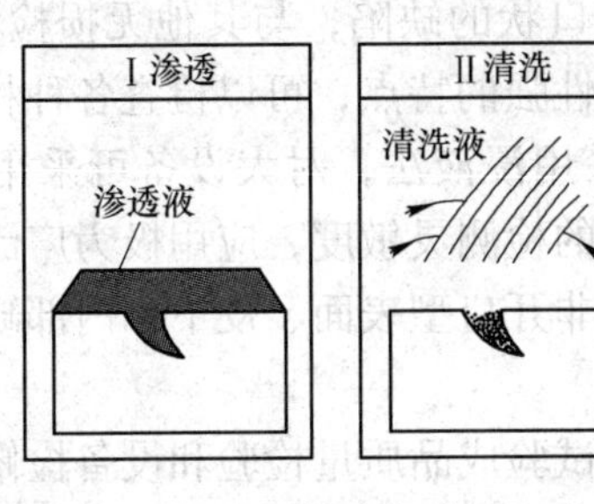

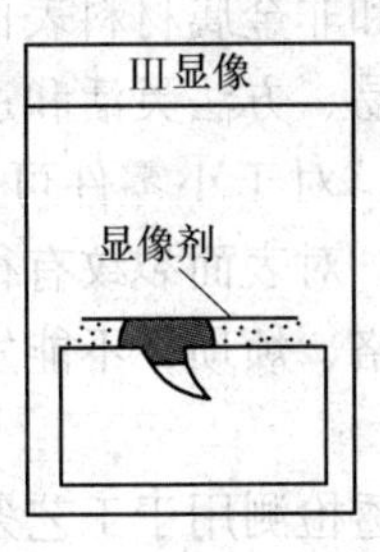

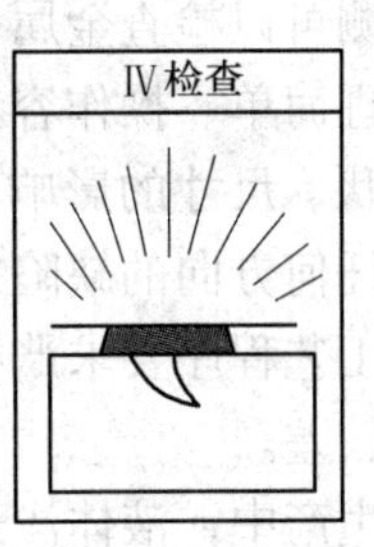

图6-9 渗透检测示意图

在渗透检验过程中，首先在被检工件表面涂覆某些渗透力强的渗透液，在毛细作用下，渗透液渗透进工件表面的开口缺陷内部，然后去除工件表面上多余的渗透液（保留渗透到表面开口缺陷中的部分），再在工件表面上涂覆一层显像剂，缺陷中的渗透液会在毛细作用下重新被脱吸附到工件表面，与显像剂共同作用形成缺陷的痕迹。将白光或黑光的照射下观察到的缺陷显示痕迹作为缺陷等级评判依据。

按渗透剂种类分类，可以把渗透检测分为荧光渗透检测和着色渗透检测两种。其中，荧光渗透剂包括水洗型荧光渗透剂、后乳化型荧光渗透剂和溶剂去除型荧光渗透剂；着色渗透剂包括水洗型着色渗透剂、后乳化型着色渗透剂和溶剂去除型着色渗透剂。

渗透检测通常分为预清洗、施加渗透液、去除、施加显像剂、干燥处理、观察及评定显示痕迹和后处理7个步骤。

（1）预清洗。预清洗之前要对被检部位表面进行清理，以清除被检表面的焊渣、飞溅、铁锈及氧化皮等。清洗范围应从检测部位四周向外扩展25mm。

（2）施加渗透剂。渗透温度应控制在15～50℃之间，渗透时间一般应少于10min。

（3）去除。去除处理是各项操作程序中最重要的工序。清洗不够，整个检测部位会留有残余渗透液，容易大面积显示颜色，对缺陷的显示识别造成困难，容易产生假显示，造成误判。清洗过度（把应留在缺陷中的渗透液也洗掉了）会影响检测效果。所以要掌握清洗方法，根据需要进行适量清洗。一般应先用不易脱毛的布或纸进行擦拭，然后再用蘸过清洗剂的干净不易脱毛的布或纸进行擦拭，直至全部擦净。操作时应注意不得往复擦拭，也不得用清洗剂直接冲洗被检面，以免过洗。

（4）施加显像剂。检验部位经清洗后便可施加显像剂，显像剂经自行挥发，很快就把缺陷中的渗透液吸附出来，形成白底红色的缺陷痕迹。这道工序也是十分重要的，其操作质量好坏都直接影响检测结果的准确性。显像剂在使用前应充分搅拌均匀，并施加均匀，显像时间一般不少于7min。

（5）干燥处理。当采用快干式或施加湿式显像剂后，被检面需经干燥处理。可采用热风或自然干燥，但应注意被检面的温度不得大于50℃。干燥时间通常为5～10min。

（6）观察与评定。观察显示痕迹，应在施加显像剂后7～30min内进行。当出现显示痕迹时，必须确定是真缺陷还是假缺陷，必要时用低倍放大镜进行观察或进行复检。

（7）后处理。检测结束后，为防止残留的显像剂腐蚀焊件表面或影响其使用，应清除残余显像剂。

渗透检测可以检查金属和非金属材料表面开口状的缺陷，与其他无损检测方法相比，具有检测原理简单、操作容易、方法灵活和适应性强的特点，可以检查各种材料，且不受工件几何形状、尺寸的影响，对于小零件可以采用浸液法，对大设备可采用刷涂或喷涂法，可检查任何方向的缺陷，对表面裂纹有很高的检测灵敏度，应用极为广泛。但是，渗透检测操作工艺程序要求严格、烦琐，不能发现非开口型表面、皮下和内部缺陷，检验缺陷的重复性较差。

在工业生产中，液体渗透检测用于工艺条件试验成品质量检验和设备检修过程中的局部检查等，表 6-9 是各种焊接缺陷显示痕迹的特征。它可以用来检验非多孔性的黑色和有色金属材料以及非金属材料，能显示的各种缺陷如下：

（1）铸件表面的裂纹、缩孔、疏松、冷隔和气孔；

（2）锻件、轧制件和冲压件表面的裂纹、分层和折叠等；

（3）焊接件表面的裂纹、熔合不良和气孔等；

（4）金属材料的磨削裂纹、疲劳裂纹、应力腐蚀裂纹和热处理淬火裂纹等；

（5）各种金属、非金属容器泄露的检查；

（6）在役设备检修时的局部检查。

液体渗透检测不适于检验多孔性材料或多孔性表面缺陷。

表 6-9　各种焊接缺陷显示痕迹的特征

缺 陷 种 类	显示痕迹的特征
焊接气孔	显示呈圆形、椭圆形或长圆形，显示比较均匀，边缘减淡
焊缝区热影响区裂纹	一般显示出带曲折的波浪状或锯齿状的细条状
冷裂纹	一般显示出较直的细条纹
弧坑裂纹	显示出星状或锯齿状条纹
应力腐蚀裂纹	一般在热影响区或横贯焊缝部位显示出直而长的较粗条纹
未焊透	呈一条连续或断续直线条纹
未熔合	呈直线状或椭圆形条纹
夹渣	缺陷显示不规则，形状多样且深浅不一

6.7.4　磁粉检测

磁粉检验是一种对铁磁材料的焊件表面缺陷和近表面缺陷的无损检测方法。它是利用外界施加的强磁场对被测焊件进行磁化，由其表面产生的漏磁现象来发现焊件表面和近表面的缺陷，如图 6-10 所示。

当铁磁材料的焊件沿轴向通入电流或在其上面放置“轭”形的磁铁，此时焊件内部就有磁力线通过，也就是说这个焊件被磁化了。若被磁化的材料（或焊件）其内部组织均匀，没有任何缺陷，磁力线在焊件内部是平行、均匀分布的。当焊件存在裂纹、气孔、夹渣等缺陷时，由于这些缺陷中的物质是非磁性的，磁阻很大，因此遇到缺陷的磁力线只能绕过缺陷部位，结果在缺陷上下部位出现磁力线聚集和弯曲现象。当缺陷离焊件表面较

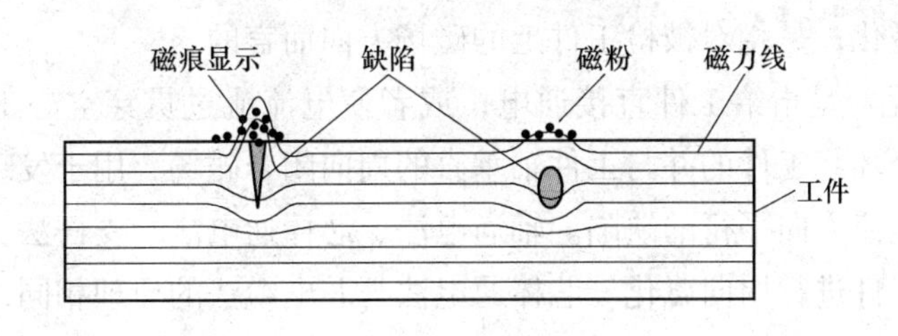

图 6-10 磁粉检测示意图

远时，磁力线绕过缺陷后，可以逐步恢复形状，并以直线形式分布，此时在工件表面不会有任何反应。当缺陷分布在焊件表面或近表面时，缺陷一端被聚集和弯曲的磁力线被挤出焊件表面，通过外部空间再回到焊件中去，即所谓产生了漏磁现象。这种漏磁在焊件表面形成一个 S、N 两极的局部小磁场。此时表面的磁力线密度增加，如在漏磁处喷洒磁导率大而矫顽率小的磁悬液，其中的磁粉将会吸附在漏磁部位，形成磁粉堆积，即表明此处存在缺陷。磁粉检验就是利用此原理进行的。

进行磁粉检测时，首先应磁化构件的待检区，磁化时可采用交流、直流、脉动电流等，并保持磁场方向与缺陷方向尽量地垂直。由于交流有趋肤效应，一般适合于检测表面缺陷（最大深度约 1 ~ 2mm），直流磁场渗透较深可检测表面与近表面缺陷（是最大深度达 3 ~ 5mm）。采用的磁化方法应与被检测的结构和焊缝相匹配。磁粉检测方法分类如表 6-10 所示。

表 6-10 磁粉检测方法分类

分类方法	分类内容
按磁化方向分	纵向磁化法（线圈法、磁轭法）
	周向磁化法（轴向通电法、触头法、中心导体法、平行电缆法）
	旋磁场法
	综合磁化法
按磁化电流分	交流磁化法
	直流磁化法
	脉动电流磁化法
	冲击电流磁化法
按施加磁粉的时间分	连续法
	剩磁法
按磁粉种类分	荧光磁粉
	非荧光磁粉
按磁粉施加方法分	干法
	湿法
按移动方式分	携带式
	移动式
	固定式

根据所要产生磁场的方向，一般将磁化方法分为周向磁化、纵向磁化和复合磁化。所谓的周向和纵向磁化，是相对被检工件上的磁场方向而言的。

（1）周向磁化。是指给工件直接通电，或者使电流流过贯穿空心工件孔中导体，旨在工件中建立一个环绕工件的并与工件轴垂直的周向闭合磁场，用于发现与工件轴平行的纵向缺陷，即与电流方向平行的缺陷。轴通电法、芯棒通电法、支杆法、穿电缆法均可产生周向磁场，对工件进行周向磁化。芯棒通电法与芯电缆法的原理相同，但是芯电缆法用于无专用通电设备的现场检测较多。

（2）纵向磁化。是指将电流通过环绕工件的线圈，使工件沿纵长方向磁化的方法。工件中的磁力线平行于线圈的中心轴线，用于发现与工件轴垂直的周向缺陷。利用电磁轭和永久磁铁磁化，使磁力线平行于工件纵轴的磁化方法也属于纵向磁化。线圈法、电磁轭法均可产生纵向磁场。

（3）复合磁化。是指通过多向磁化，在工件中产生一个大小和方向随时间呈圆形、椭圆形或螺旋形变化的磁场。因为磁场的方向在工件中不断变化着，所以可发现工件上所有方向的缺陷。

磁痕的观察与评定应按《承压设备无损检测　第4部分：磁粉检测》（JB/T 4730—2005）规定进行。该标准简要描述如下：

除能确认磁痕是由于焊件材料局部磁性不均或操作不当造成的之外，其他一切磁痕显示均作为缺陷磁痕处理。对磁痕的评定应考虑其位置、外观形状与焊件的材质等，磁痕一般可分为三类，见表6-11。所有磁痕的尺寸、数量和产生部位均应记录。磁痕的永久性记录可采用胶带法、照相法以及其他适当的方法。

表6-11　各类缺陷磁痕显示特征

磁痕类别	磁痕特征	缺陷类型
表面缺陷	磁痕尖锐、轮廓清晰、磁粉清晰、磁粉附着紧密	冷裂纹、弧坑裂纹、应力腐蚀裂纹、未熔合等
近表面缺陷	磁痕宽而不尖锐，采用直流或半波整流磁化效果好	焊道下裂纹、非金属夹渣等
伪缺陷	磁痕模糊，退磁后复检会消失	有杂散磁场、磁化电流过大等

参考文献

[1] 张应立．焊接质量管理与检验实用手册［M］．北京：中国石化出版社，2018.
[2] 张应立．新编焊工实用手册［M］．北京：金盾出版社，2004.
[3] 张应立，周玉华．焊接质量管理与控制读本［M］．北京：化学工业出版社，2010.
[4] 李亚江，等．焊接质量控制与检验［M］．北京：化学工业出版社，2010.
[5] 曾金传．焊接质量管理与检验［M］．北京：机械工业出版社，2009.

练习与思考题

6-1 选择题

6-1-1 下列焊接检验方法中属于非破坏性检验的是(　　)。

A. 硬度试验　　B. 冲击试验

C. 疲劳试验　　D. 射线探伤

6-1-2 在 X 射线探伤中，气孔在胶片上呈现(　　)。

A. 圆形或椭圆形黑点　　B. 不规则的白亮块状

C. 点状或条状　　D. 规则的黑色线状

6-1-3 下列焊接缺陷中属于内部缺陷的是(　　)。

A. 咬边　　B. 表面气孔　　C. 弧坑　　D. 夹渣

6-1-4 超声波是指频率超过(　　)的机械波。

A. 20000Hz　　B. 2000Hz　　C. 10000Hz　　D. 30000Hz

6-1-5 低合金结构钢焊接时，最常见的裂纹是(　　)。

A. 热裂纹　　B. 冷裂纹　　C. 再热裂纹　　D. 热应力裂纹

6-1-6 (　　)是防止低合金钢产生冷裂纹、热裂纹和热影响区出现淬硬组织的最有效的措施。

A. 预热　　B. 减小热输入

C. 用直流反接电源　　D. 焊后热处理

6-1-7 防止不锈钢焊接时产生的热裂纹的措施，是通过焊接材料向焊缝中加入形成(　　)的元素。

A. 奥氏体　　B. 马氏体　　C. 铁元素　　D. 珠光体

6-1-8 下列裂纹中，不属于热裂纹的是(　　)。

A. 层状撕裂　　B. 结晶裂纹　　C. 多变化裂纹　　D. 液化裂纹

6-1-9 氢在焊接接头中引起的主要缺陷是(　　)。

A. 热裂纹　　B. 冷裂纹　　C. 未焊透　　D. 夹渣

6-1-10 生产过程中未检验焊缝强度进行的拉力试验属于(　　)。

A. 无损试验　　B. 金相试验　　C. 力学性能试验　　D. 腐蚀检验

6-2 简答题

6-2-1 超声波是怎样产生的?

6-2-2 简述磁化电流范围的使用范围。

6-2-3 论述焊后热处理的作用。

6-2-4 简述煤油试验的方法。

6-3 论述题

6-3-1 试述气孔形成的原因是什么?

6-3-2 焊接检验的目的是什么?

焊接安全与生产管理

焊接操作不仅在特殊的作业环境（如登高、水下）和局限空间（如塔、罐、地沟、下水道和燃气管道等）中进行，且加工对象内具有易燃、易爆、有毒等特殊危险性物料。焊接过程中还会产生有毒气体、有毒粉尘、弧光辐射、高频电磁场、噪声和射线等。因此，必须采取严密的安全管理措施，厂房、设备、工具和操作地点环境等还必须有综合性的安全与卫生防护措施，才能防止火灾、爆炸、中毒、触电、高空坠落和物体打击等安全事故。

7.1 手工电弧焊的安全防护

手工电弧焊是一种应用广泛的焊接技术，广泛应用于各个工业领域。同时，手工电弧焊是用电弧产生的热量对金属进行热加工的一种工艺方法。在手工电弧焊焊接过程中，所使用的电焊机、电焊钳、导线以及工件均是带电体。焊机的空载电压一般在 60～90V 左右，均高于安全电压。若电焊设备有故障，或焊工违反安全操作规程，或穿戴的防护用品有缺陷，都有可能发生触电事故。特别是在狭小的容器和船舱内进行焊接作业时，四周都是金属导电体，触电的危险性就更大。

此外，由于手工电弧焊操作简便、灵活，适用范围非常广泛，因此，有些作业现场可能会存在易燃易爆物品或其他不安全因素。在焊接过程中，焊条、焊件及其周围的空气在焊接电弧高温和强烈弧光的作用下，会产生大量影响人体健康的有害烟尘和臭氧、氮氧化合物等有毒气体。同时，强烈的弧光辐射还会损伤人的眼睛和皮肤。

由于手工电弧焊过程存在这些不安全、不卫生因素，使得在焊接的过程中，有可能会发生触电、火灾、爆炸、中毒、灼伤或高空坠落等事故，必须引起足够重视。

7.1.1 焊接设备的安全要求

手工电弧焊机的选用必须符合有关标准规定的安全要求，如表 7-1 所示。电焊机各导电部分之间要有良好的绝缘，初级与次级回路之间的绝缘电阻值不得小于 5MΩ，带电部分与机壳、机架之间的绝缘电阻不得低于 2.5MΩ。电焊机的电源输入线机二次输出线的接线柱必须要有完好的隔离防护罩等，且接线柱应牢固不松动。电焊机外壳应设有良好的保护接地装置，其螺钉不得小于 M8，并有明显的接地标志。调节焊接电流、电压表的手柄或旋钮等，必须与焊机的带电体可靠地绝缘，且调节方便、灵活。

7.1.2 焊接安全用电

电流对人体的伤害有三种类型：电击、电伤和电磁场生理伤害。电击是指电流通过人体造成内部的伤害，通常所说的触电事故基本上是指电击。电伤是指电流对人体外部造成局部的伤害，主要是直接或间接的电弧烧伤。电磁场生理伤害是指在高频电磁场的作用下，使人呈现头晕、乏力、记忆力减退、失眠、多梦等神经系统受损的症状。

表 7-1　手工电弧焊工具作用与安全要求

工具类型	作　用	安　全　要　求
电焊钳	夹持焊条、传导电流	(1) 电焊钳应在所设置的任意角度都能夹紧焊条，并保证更换焊条安全、方便； (2) 电焊钳的手柄等应有良好的绝缘和隔热性能； (3) 电焊钳与焊接电缆的连接应简单可靠，接触良好； (4) 电焊钳应轻便，易于操作； (5) 焊接过程中，禁止将过热的电焊钳放入水中冷却和继续使用； (6) 禁止使用绝缘损坏或没有绝缘的电焊钳
焊接导线	传导电流	(1) 电源线长度一般不超过 3m，确需使用长导线时，必须将其架高距地面 2.5m 以上并尽可能沿墙布设，并在焊机近旁加设专用开关； (2) 连接焊机、焊钳和工件的焊接回路导线，其长度一般以 20～30m 为宜，过长则会增大电压降并使导线发热； (3) 导线应有良好的导电性和绝缘层，并且要轻便、柔软、便于操作； (4) 要有足够的截面积； (5) 尽可能使用无接头导线； (6) 导线外表均应完好，绝缘电阻不得小于 10MΩ； (7) 严禁利用厂房的任何金属结构搭接作为导线使用，横穿马路、通道或门窗时，必须采取护套等保护措施，严禁导线与油脂、气瓶、热力管道等物品接触
电焊面罩和护目镜	保护电焊工面部免受弧光损伤，防止被飞溅的金属灼伤，减轻烟尘和有害气体对呼吸器官的伤害	护目镜和面罩的有关性能和技术指标应符合国家标准 GB 3609 的相关规定

影响电流对人体伤害的因素有：

(1) 电流的大小。触电的危险程度主要取决于触电时流经人体电流的大小，电流越大，人体的生理反应越明显，破坏心脏所需的时间也越短，致命的危险性越大。

(2) 通电时间的长短。电流通过人体的时间越长，越容易引起心室颤动，对人体的危险也就越大。因此，在发生触电时，应迅速及时使触电者脱离带电体。

(3) 电流种类及频率。直流电流、高频电流、冲击电流对人体都有伤害作用，但以工频（50Hz）电流危险性最大。

(4) 人体的健康状况。不同的人对电流的敏感程度也不同，妇女及儿童对电流比男性敏感。患有心脏病及呼吸系统和神经系统疾病的人，触电时则有极大的危险性。

7.1.3　触电事故发生的原因及预防措施

手工电弧焊时发生的触电事故，有直接电击和间接电击两种。

直接电击是指人体直接接触电焊设备的带电体或靠近高压电网而发生的触电事故。发生直接电击的原因主要有：

（1）手或身体的某部位接触到焊条、焊钳的带电部分，而脚和身体的其他部分对地或金属结构之间无绝缘保护。在金属容器、管道及金属结构上的焊接或在阴雨天、潮湿地方的焊接以及焊工身体大量出汗时，容易发生这类触电事故。

（2）在接线或调节焊接电流时，手或身体某部位触及接线柱、极板和绝缘破损的电缆线。

（3）高处作业时，触及或靠近高压电线。

间接电击是指人体触及意外带电体而发生的触电事故。所谓意外带电体是指正常不带电，因绝缘损坏或电器线路发生故障时才带电的带电体。如漏电的焊机外壳、绝缘损坏的电缆等。发生间接电击的主要原因如下：

（1）人体触及漏电的焊机外壳或绝缘破损的电缆。

（2）初级绕组与次级绕组之间的绝缘损坏，使次级绕组带有初级电压，手或身体的某部位触及二次回路的裸导体。

（3）利用厂房的金属结构、轨道、管道或其他金属物体作为焊接回路线而发生的触电事故。

电击事故预防措施：

（1）电弧焊设备要有防止人体触及带电体的隔离防护装置；

（2）电弧焊的设备和带电体，都必须有良好的符合标准的绝缘，绝缘电阻不得小于1MΩ；

（3）正确使用劳动保护用品；

（4）为防止电弧焊接时，人体触及漏电设备的金属外壳应采取如保护接地或保护接零等安全措施。

7.1.4 手工电弧焊的安全操作技术

基于手工电弧焊的工艺、作业环境等因素，其对应的安全操作规范如下：

（1）电弧焊机必须有良好的绝缘和可靠的保护接地或接零装置。

（2）焊机的电源线必须有足够的导电截面积和良好的绝缘，且不宜过长。铁壳开关的外壳和焊机的接地线均要有足够的截面积。

（3）焊接回路线应用焊接电缆线，绝缘应良好。焊钳的绝缘部分必须良好、完整。

（4）操作行灯电压应采用36V以下的安全电压。

（5）在狭小的舱室和容器内焊接，应加强绝缘措施，采用有效通风，防止有害气体和烟尘对人体侵害，焊接作业时现场应有人监护。

（6）焊接现场应距离易燃易爆物品10m以上。雨天禁止露天作业。

（7）严禁在有压力的容器、管道上进行焊接作业。

（8）正确、合理地使用劳动防护用品，上装不应束在裤腰里，清除焊渣时应戴防护镜。

（9）高处作业，脚手架应牢固，应使用合格的安全带，焊接作业点下方及一定的范围内不应有人员和易燃易爆物品。

（10）焊接作业结束后，应将焊钳放在不会发生短路的地方，并及时切断电源，检查焊接现场周围是否存在不安全的因素等。

7.2 气体保护焊的安全防护

7.2.1 钨极氩弧焊的安全防护

7.2.1.1 电击防护

钨极氩弧焊时，其焊接电源的空载电压为60～80V，高于安全电压（36V）。当采用非接触法引弧时，高频振荡器或高压脉冲发生器将输出数千伏的高压电，同时又是双手操作。在此情况下，如果焊工的手套、工作服及工作鞋破损、潮湿，或焊枪导线的绝缘不良以及焊工操作不当等，则很可能会在焊接过程中发生电击事故。

在进行钨极氩弧焊作业时，焊工必须严格执行有关安全操作规程，并遵守以下防电击安全措施：

（1）应穿干燥的工作服、绝缘鞋，戴完好的手套；

（2）必须在检查确认焊剂和控制箱的外壳可靠接地或接零后，方可接通电源；

（3）焊枪及导线的绝缘必须可靠，当采用水冷焊枪时，必须经常检查水路系统，防止因漏水而引起触电；

（4）不得将焊枪喷嘴靠近耳朵、面部及身体的其他裸露部位来试探保护气体的流量，尤其是采用高频高压或脉冲高压引弧和稳弧时，更是严禁这种做法；

（5）调节或更换焊枪的喷嘴和钨电极时，必须先切断高频振荡器和高压脉冲发生器的电源，更不允许带电赤手更换钨电极和喷嘴；

（6）当钨电极和喷嘴温度较高时，高频或脉冲高压能够击穿更大的气隙而导电，因此，在焊接停止时，应及时切断高频振荡器或高压脉冲发生器的电源，以防止发生严重的热态电击和偶然的重新起弧；

（7）焊接过程中，不得赤手操作填充焊丝；

（8）焊接过程中，焊接设备发生电气故障时，应立即切断电源，焊工不得带电查找故障和擅自处理。

其他防电击等安全防护措施与手工电弧焊基本相同。

7.2.1.2 有害因素防护

钨极氩弧焊过程中的有害因素包括放射性元素（钍）辐射、高频电磁场辐射和紫外线辐射等方面，如不能采取有效的防护措施，则容易对人体健康产生一定的危害。防护措施包括：

（1）工作现场要有排除有害气体及烟尘的通风装置。

（2）尽可能采用放射剂量极低的铈（或钍）钨极，加工时要采用密封式或抽风式砂轮进行磨削；磨削时应戴口罩、手套等个人防护用品，完毕后要洗净手脸；将铈（或钍）钨极放在铅盒内保存。

（3）工件要良好接地；焊枪电缆盒地线要采用金属屏蔽线；适当降低频率；尽量不适用高频振荡器作为扰弧装置，以减少高频作用时间。

（4）加强个体防护。

7.2.2 CO_2 气体保护焊的安全防护

为获得稳定的焊接过程，CO_2 气体保护焊通常采用直流反接、短路过渡形式，其工艺参数主要有电弧电压、焊接电流、焊接回路电感等，一定的焊丝直径及焊接电流必须匹配合适的电弧电压，才能获得稳定的焊接过程。CO_2 气体保护焊的主要危险因素为电击、火灾和灼伤。

CO_2 气体保护焊属于熔化极气体保护焊，焊接过程中金属（熔滴）飞溅较大，与其他焊接方法相比，更容易引起火灾和人身烫伤事故。因此，在进行 CO_2 气体保护焊时，除了应该防止电击以外，还需特别注重焊接场所的防火措施和人员防灼伤措施，应做到以下几点：

（1）焊接作业点附近，不得有易燃、易爆物品。作业现场的周围存在易燃物品时，必须确保规定的安全距离，并采取严密的防范措施。

（2）作业人员应戴齐全、完好、干燥、阻燃的手套，穿工作服及绝缘鞋等个人防护用品。

（3）所使用的 CO_2 气瓶，必须符合《气瓶安全监察规程》的有关规定。

（4）焊丝送入导电嘴后，不得将手指放在焊枪喷嘴口来检查焊丝是否伸出，更不准将焊枪喷嘴口对着面部来观察焊丝的伸出情况。

（5）严禁将焊枪喷嘴靠近耳朵、面部及身体的其他裸露部位来试探气体的流量。

（6）CO_2 预热器应用安全电压，否则必须加装防触电保护装置。

其他防止电击及防灼伤等有关安全防护措施及要求，与钨极氩弧焊基本相同。

7.2.3 等离子焊的安全防护

等离子弧是通过机械压缩、热收缩和磁收缩三种压缩作用而获得的，是一种压缩电弧，具有能量集中、温度高和焰流速度高等特性。同其他弧焊电源相比，等离子弧焊接所用电源的空载电压更高，所以在作业时其发生电击的可能性也较大，在等离子弧焊接作业的安全防护中，应特别注重防止电击。等离子焊危险因素与防护措施如表 7-2 所示。

表 7-2 等离子焊危险因素与防护措施

危险因素	防 护 措 施
电击	（1）作业人员穿戴的个人防护用品，必须符合安全要求； （2）所用电源设备必须经检查确认具有可靠的接地后，方可接通电源； （3）焊枪的枪体及手触摸部位必须可靠绝缘； （4）转移型等离子弧焊接时，可采用低电压引燃非转移弧后，再接通较高电压的转移弧回路； （5）更换喷嘴和电极时必须先切断电源； （6）手把上外露的启动开关必须套上绝缘橡胶套管； （7）尽可能采用自动操作方法
电弧光辐射	（1）手动焊接时，操作者须带上良好的面罩、手套，并做好颈部防护； （2）自动焊接时，可在操作者与操作区域间设置防护屏
灰尘与烟气	要求工作场地必须配有良好的通风设施
噪声	操作者可佩带耳塞或在隔音室里远程操作
高频辐射	（1）引弧频率选择在 20～60kHz 范围； （2）要求工件接地可靠； （3）转移弧引燃后，立即可靠地切断高频振荡器电源

7.3 埋弧焊、电阻焊和激光焊的安全防护

7.3.1 埋弧焊的安全防护

埋弧焊所用的工装夹具等辅助设备较多，如果其中的某一部件触电，则可能导致整个工装辅助系统均带电，从而易发生电击事故。因此，埋弧焊时要注意防止电击，具体措施包括：

（1）应选用容量相匹配的弧焊电源、导线、电源开关、熔断器及辅助装置，以满足通常为100%高负载持续工作的要求，防止因过载烧坏设备及导线而发生的电击事故；

（2）控制箱、弧焊电源及小车等有关辅助设备的壳体或机体，必须可靠接地；

（3）所有电缆的绝缘必须可靠，其接头必须接触良好且绝缘可靠；

（4）接通电源和打开电源控制开关后，不得触及电缆接头、焊丝、导电嘴、焊丝盘及其支架、送丝滚轮、齿轮箱等设备；

（5）设备放置不用，或停止焊接及操作人员离开岗位前，应切断电源；

（6）搬迁焊机前，应切断电源；

（7）操作人员应穿戴绝缘工作鞋等符合安全要求的防护用品；

（8）当出现焊缝偏离焊道等问题，需调整工件及有关辅助设备时，应先切断电源，不得带电作业。

7.3.2 电阻焊的安全防护

电阻焊的特点是高频、高压、大电流且具有一定压力的金属高温熔炼熔接过程，其危险性和有害性包括电击、机械击伤、气体中毒、烧伤、烫伤等方面，在电阻焊中的安全防护要同时考虑操作人员、设备安装及调试、日常维护等方面因素，见表7-3。

表7-3 电阻焊的安全防护要求

防护对象	防护要求
操作人员	（1）须经三级安全教育和电阻焊焊接技术的专业培训，经考核合格后持证上岗； （2）须熟悉本岗位设备的操作技能，严格按照操作规程操作； （3）正确穿戴和使用劳动防护用品，遵章守纪，杜绝违章操作； （4）精心操作，爱护设备，养成班前检查、班后维护的良好习惯
设备安装	（1）每台焊机应通过单独的断路器与馈电系统连接； （2）焊机应远离有剧烈振动的设备，如大吨位冲床、空气压缩机等，以免引起控制设备失常； （3）合理安装冷却水排水系统
设备调试	（1）做好通电前检查； （2）确认安装无误后，进行通电检查，主要检查设备各个按钮与开关操作是否正常； （3）使用与工件相同材料和厚度裁成的试件进行试焊，调试焊接工艺参数
日常维护	（1）日常保养，保持焊机清洁，对电气部分要保持干燥，注意观察冷却水流通状况，检查电路各部位的接触和绝缘情况； （2）定期维护检查，检查活动部分的间隙，观察电极和电极握杆之间的配合是否正常，有无漏水，电磁气阀的工作是否可靠等； （3）性能参数检测，包括焊接电流及通电时间的检测，二次回路直流电阻值的检测，压力的测定

7.3.3 激光焊的安全防护

激光焊接除了具有一般性常规焊接的危险性和有害性（如机械伤害、触电、灼伤等），其特有的危险性和有害性是激光辐射。激光辐射眼睛或皮肤时，如果超过了人体的最大允许照射量时，就会导致组织损伤。损伤的效应有三种：热效应、光压效应和光化学效应。

激光焊接的安全防护主要有两个方面：一是作业场所、设备方面的工程控制；二是操作人员的个体防护。

（1）工程控制。

1）最有效的措施是将整个激光系统置于不透光的罩子中；

2）对激光器装配防护罩或防护围封，防护罩用于防止人员接受的照射量超过 MPE，防护围封用于避免人员受到激光照射；

3）工作场所的所有光路包括可能引起材料燃烧或二次辐射的区域都要予以密封，尽量使激光光路明显高于人体高度；

4）在激光加工设备上设置激光安全标志，激光器无论是在使用、维护或检修期间，标志必须永久固定。

（2）个体防护。即使激光加工系统被完全封闭，操作人员仍有接触到意外反射激光或散射激光的可能性，所以个人防护也不能忽视。个体防护包括：

1）激光防护眼镜。能选择性地衰减特定波长的激光，并尽可能地透过非防护波段的可见光。

2）激光防护面罩。实际上是带有激光防护眼镜的头盔，主要用于防紫外线激光。

3）激光防护手套。操作人员的双手最容易受到过量的激光照射，特别是高功率、高能量激光的意外照射对双手的威胁很大。

4）激光防护服。由耐火及耐热材料制成。

7.4 焊接安全事故案例分析

【案例 7-1】焊机动力线绝缘损坏，焊工触电死亡。

事故经过：某厂有一个焊工，因焊接工作地点距离插座较远，便将长电源线拖在地面，并通过铁门。当其关门时，铁门挤破电源线的绝缘皮而带电，致使该焊工遭电击身亡。

事故原因：焊机的电源线太长并且拖在地面上，违反安全规定，当电缆的橡胶绝缘套被铁门挤破时造成漏电。

防护措施：由于焊机的电源电压较高，因此其长度越短越好，严禁将焊机电源线拖于地面。确需延长时，必须离地面 2.5m 沿墙或立柱用瓦瓶布设。同时，还应避免电缆受到机械性损伤，防止电缆绝缘损坏而漏电。

【案例 7-2】高处施焊坠落死亡。

事故经过：某年 11 月，某单位基建科副科长甲未戴安全带，也未采取其他安全措施，便攀上屋架，替换工人乙焊接车间屋架角钢与钢筋支撑。先由民工丙帮忙扶持被焊的角钢，大约1小时后，丙下去取角钢，由甲焊钢筋。因无助手，甲便自己左手扶着待焊的钢筋，右手拿着焊钳，甲先将钢筋的一端点固，然后左手抓着已点固的钢筋，侧身去焊接钢筋的另一端。结果甲左手抓着的钢筋因点固不牢，支持不住人体的重量而突然断裂，甲便与钢筋一起从12.4m高的屋架上摔落，头部着地，不幸死亡。

事故原因：高处作业未采取任何安全防护措施。本人又非专职焊工，钢筋点固不牢，以致钢筋点固焊缝断裂而坠落死亡。

防护措施：高空作业必须有安全可靠的防护措施（安全帽、安全带、安全网、脚手架等）。非专职焊工不准进行焊接。

【案例7-3】在等离子焊接作业中，焊工流鼻血。

事故经过：某厂两名焊工在等离子焊接作业中，一名焊工突然流鼻血，另一名焊工多日嗓子不舒服。经医生检查后，发现两名焊工血液中的白细胞大幅度减少，已低于正常健康水平。

原来，这两名焊工已连续从事等离子焊接长达6个月，作业场所狭窄，且无排烟吸尘装置。喷枪外表、面罩及附近墙壁已被浓烟熏变了颜色。两名焊工早已觉得精神怠倦、胸闷、咳嗽、头疼等，但尚不知病因。

事故原因：作业场所空气不流通，未采用排烟吸尘装置，使空气中的氮氧化物、臭氧及烟尘等累积，浓度增高，工人长期在这种环境中操作，受到积累性慢性中毒。

防护措施：配置排烟吸尘装置，正确佩戴个人防护用品，加强等离子焊安全防护知识学习。

7.5 焊接生产组织管理

回顾多年的焊接工程管理模式，可以发现在焊接工程管理中涉及技术管理、过程控制、质量管理、竣工资料移交等方面的管理存在许多薄弱环节。焊接工程管理与焊接人员培训、焊接质量检测密切相关。焊接工艺评定是焊接工程管理的一项重要内容，根据焊接工艺评定报告编制焊接工艺规程等工艺文件，有效指导焊接生产，避免了编制焊接工艺规程存在的不规范问题。企业管理人员能够随时掌握各种从事焊接人员的工作质量，及时发现质量保证体系运行中的问题，并采取相应措施加以解决。

随着焊接生产方式的增多，焊接生产规模越来越庞大，企业组织内的专业分工越来越精细，这就产生了分工与合作的生产模式，因此需要科学的管理技术。生产管理目标就是根据质量保证体系，建立适合企业生产的程序文件，约束及控制焊接生产的各个环节，合理利用企业的人力、物力和财力资源，进一步规范企业的生产管理，是企业经营目标实现的重要途径。

焊接生产管理依据焊接产品销售合同、设计图样、工艺文件，采用合理的生产计划和组织形式，将各种金属胚料，采用焊接设备，通过人员操作进行备料、装配、焊接、安装等施工，得到质量可靠、满足使用要求的焊接产品，制造各种机械装备，完成工程建设项目。

7.5.1 生产过程组织

生产过程组织是对生产系统内所有要素进行合理的安排，以最佳的方式将各种生产要素结合起来，使其形成一个合理协调的系统，系统目标要实现作业形成最短、时间最少、成本最低，而且能满足市场的使用需求，提供优质的产品和服务。

组织生产过程的基本要求有：

（1）生产过程的连续性。是指在生产过程各阶段物料处于不停的运动中，而且流程尽量缩短。生产过程的连续性包括时间连续和空间连续。时间连续是指物料在生产过程的各个环节的运动，始终保持连续状态，没有或极少产生不必要的流转停顿与等待现象。空间连续要求生产过程各个环节在空间布置上紧凑合理，使物料的流程尽可能短，避免出现往返移动轨迹。

增强生产过程的连续性可以缩短产品的生产周期，降低在制品库存，加快资金的周转，提高利用率。为了保证生产过程的连续性，必须做好厂房设施及生产设备的规划，只有合理布置各个生产单位的生产能力，才能使物料具有合理的工艺流程。

（2）生产过程的比例性。是指基本生产过程与辅助生产之间、各个生产单位和不同生产工序之间，在生产能力上保持符合产品制造数量和质量要求的合理比例关系。因此生产管理工作的任务，就是要及时地发现各种因素对生产能力的影响，将不平衡的生产能力重新调整到平衡状态，使生产过程仍然保持合理的比例性。

（3）生产过程的均衡性。是指产品在生产过程中，从备料到完工检验各个阶段，都能保证按一定的生产速度均衡地进行，在相同的时间内，生产相同数量的产品，以便充分利用企业各个生产工序的生产能力。

（4）生产过程的准时性。是指产品在生产过程的各个阶段，各个工序都能及时地完成生产计划，并满足后续阶段和工序的需要。生产过程的准时性保证产品的供货时间，同时减少生产过程中的库存量。

（5）生产过程的可调解性。是指生产过程中根据市场需求，及时调整生产计划安排的能力。要求生产工艺、加工设备应具备一定的调整能力，以满足不同加工对象的要求，保证多品种、小批量的生产条件。

7.5.2 生产人员组织

由于焊接生产的专业化和生产技术的复杂性，从事焊接生产的工程技术人员和焊工应进行焊接专业理论知识和操作技能培训，焊接工程技术人员一般需要通过系统的焊接专业理论知识学习，并在实际生产中积累经验，才能够承担焊接技术研究和焊接工艺工作。焊工应进行焊接专业理论知识和操作技能培训，具备实际操作能力，并取得相应的焊接操作资质证书，才允许进行焊接产品的施工。

在工业发达国家（如德国），由于政府高度重视职业培训，焊接培训体系发展较为完善，颁发的证书数量远远超过其他国家。虽然国际焊接培训已颁发的证书总数并不多，但自1999年正式开始实施以来，正以加速度的态势发展。2003年全世界范围内共颁发了8000多份国际焊接技师证书，首次超过了国际焊接工程师数量，显示了较大的需求量。

中国焊接培训与资格认证委员会（CANB）于2000年1月获得了国际焊接学会的授

权，开始实施我国焊接人员培训及国际资质的认证工作。这标志着中国焊接人员的资质认证已经与国际接轨，为我国焊接企业与国际合作和焊接人员走出国门奠定了基础。

在我国，实施焊接人员国际资质认证工作的机构由4部分组成：CANB中央考委会、CANB地方考委会、现场考委会和培训机构的考委会。焊工考试中心是专门从事本地区国际焊工考试的机构，由机构法人、技术负责人、质量体系负责人及被授权的考官组成。

国际焊接学会焊接生产人员的培训体系内容包括：

(1) 国际焊接工程师。国际焊接工程师是焊接企业中最高层的焊接监督人员，负责企业焊接技术工作和焊接质量监督，因此对国际焊接工程师的培训要求也非常严格。目前我国已开展在职焊接工程师与国际焊接工程师转化工作，并结合我国高等教育焊接专业设置情况，开展焊接专业本科学历毕业生的国际焊接工程师培训工作。

(2) 国际焊接技术员。国际焊接技术员时焊接企业中第二层次的焊接监督人员，其作用介于国际焊接工程师和国际焊接技师之间。

(3) 国际焊接技师。国际焊接技师是焊接企业中第三层次的焊接监督人员，主要适用于中、小型的焊接企业。国际焊接技师既具有一定的理论知识，又具备实际操作技能和生产实践经验，可以辅助国际焊接工程师进行焊接技术的管理工作，成为国际焊工和国际焊接工程师之间的联系纽带。

(4) 国际焊接技士。国际焊接技士是取代德国焊接学会原有焊工教师资格的焊接人员，不仅可作为焊工教师从事焊接培训工作，也可以作为企业中高层次的焊接技术工人协助焊接技师解决生产中的问题。国际焊接技士根据焊接方法可分为气焊技士、焊条电弧焊技士、钨极惰性气体保护焊技士和熔化极气体保护焊技士。

(5) 国际焊工。国际焊工是焊接企业的直接生产操作工人，必须具备相应实际操作技能，国际焊工根据焊接方法分为气焊焊工、焊条电弧焊焊工、钨极惰性气体保护焊焊工和熔化极气体保护焊焊工，在每类焊工中可分为角焊缝焊工、板焊缝焊工和管焊缝焊工，其中每个项目均可单独进行培训及考试。

我国焊接工程技术人员的技术职称分为高级工程师、工程师、助理工程师和焊接技术人员，一般必须通过高等院校相关专业的理论知识学习，并通过企业生产实际活动积累经验，由省市人事部门进行资格评审，获得相应的技术职称，由企业或主管机构根据实际工作岗位需求进行聘任。随着高等院校教育体制和专业设置的改革，焊接工程技术人员主要来源于焊接技术与工程、材料成型与控制工程等专业。

我国焊接操作技能工人培训情况：

(1) 我国的焊工资格认证机构均为颁发相应标准与规程的政府机构或部门，以及受政府机构或部门认可授权的一些企业或具有培训能力与资格考试的焊接培训考试机构。由于焊工资格认证机构分别属于国家原计划经济时期的各个部委或不同行业协会，导致我国焊工培训资格证书种类较多，行业之间认可度差，缺乏统一性和通用性。

(2) 我国的焊工培训主要是由原国家各部委的企业及相关行业系统的焊接培训机构承担，例如，中国焊接协会培训工作委员会的培训机构，各省、市劳动与社会保障厅设在各企业内的培训机构，各省、市质量与技术监督局设在各企业内的培训考试机构以及船舶制造、电力安装、石油化工、冶金建筑等行业的培训考试机构。

焊接操作技能工人来自各企事业单位以及社会上的待业人员。培训的方式一般为根据焊接操作技能工人的工作需要，选择相应的焊接方法、材料、焊接位置及资格认证等级，按照相应的培训规程及考试标准进行培训和考试。焊工培训主要以技能操作为主，理论基础知识为辅，培训时间应根据不同的培训项目要求决定，一般为1~3个月，经培训考试合格后颁发相应的资格证书。

（3）为了提高焊接技术工人的素质和待遇，国家劳动部颁发了各个工种的职业技能鉴定规范，根据焊接技术工人的职业技能水平分为高级技师、技师、高级工、中级工、初级工五个等级，恢复了对焊工的培训及考核工作，由各省、市劳动与社会保障厅组织对企事业单位原有技能水平八个等级的焊工进行培训，并按国家机械工业委员会制定的考试规则进行考评，而事业单位则由各省、市的人事部门组织培训与考试，合格者颁发相应等级的技能证书。

7.6 焊接工程质量管理

焊接质量是机械产品质量的前提和保证，特别是锅炉、压力容器及电力管道，石油化工管线、化工容器、船舶制造等，对焊工和管理人员提出更高要求。如果焊接质量达不到标准规定的要求，将导致机械产品质量的下降甚至会造成严重质量事故的发生，如起重机械、锅炉压力容器一旦发生质量事故，不但给国家财产造成极大损失，还可能造成人身伤亡事故，因此焊接质量必须引起焊接生产企业的高度重视。保证焊接质量的关键在于加强对焊接技术人才的培训，不断提高他们的技术水平。同时，还必须加强对焊接结构生产过程的质量管理控制。

7.6.1 质量管理任务

焊接产品质量管理是焊接生产企业从开始施工准备，到产品交付使用的全过程中，为保证和提高产品质量所进行的各项组织管理工作。

焊接产品质量管理工作，主要有以下几方面的任务：

（1）贯彻国家和上级有关质量管理工作的方针、政策；贯彻国家和上级颁布的各种焊接技术标准、施工及验收规范、技术规程等。

（2）参与制定保证焊接质量的技术措施。在施工组织设计、施工方案和推行新技术、新结构、新材料中都应有保证焊接质量的技术措施。

（3）进行焊接质量检查。坚持以预防为主的方针，贯彻专职检查和群众检查相结合的方法，组织施工班组进行自检、互检、交接检活动，做好预检和隐蔽项目检查工作。

（4）组织焊接质量检验评定。按质量标准和设计要求，进行材料、半成品验收；进行结构工程质量验收；进行各分项工程、分部工程和单位工程竣工的质量检验评定工作。

（5）组织制定和贯彻保证焊接质量的各项管理制度；运用全面质量管理办法。

（6）做好焊接质量反馈工作。产品交付使用后，要进行回访，检查焊接质量的变化情况，总结焊接质量方面存在的问题，采用相应的技术措施。

企业要搞好焊接产品质量管理工作，应着重抓好以下几个方面工作：

（1）各级领导要树立“百年大计、质量第一”“质量是企业的生命”的思想，要有高度责任心，要把保证和提高焊接质量作为企业生存和发展的大事来抓，以优良的焊接产品质量来提高本企业的信誉和竞争能力；

（2）群策群力，上下一心，提高企业所有部门和人员的工作质量；

（3）努力提高焊工队伍的素质，加强焊工队伍的思想教育和技术培训；

（4）建立一套科学的管理制度，积极推行全面质量管理的科学办法；

（5）通过本企业焊接产品质量情况的分析，确定企业一个时期内质量管理工作的目标；

（6）对前一阶段在竣工验收评定诸多分项的质量评分情况进行数据分析，找出影响评分值的主要因素，组织公关，有针对性、重点突出，不断分析，抓住主要矛盾并重点解决；

（7）根据自身能力及管理水平，制订切实可行的计划，如质量指标控制计划、质量通病公关计划等；

（8）要有实现计划的措施，做到分工明确，责任落实，随时检查，及时总结。

7.6.2 质量管理的主要环节

焊接工程质量管理的主要环节包括技术管理、人员管理、设备管理、材料管理、施工管理和检验管理等。

7.6.2.1 技术管理

焊接工程质量的技术管理包括完整的技术管理机构和各级技术岗位责任制系统、完善的焊接工艺管理制度和管理机构、完整的设计资料和工艺文件、系统的焊接工艺评定试验记录和焊接工艺试验报告、科学合理的焊接工艺规程和严格的工艺记录等方面的内容。

7.6.2.2 人员管理

人员管理包括焊接技术人员和焊接工人的管理。从事直接操作的焊工应经过培训和考试合格，并取得相应证书或持有技能资格证明，严禁无证上岗。焊工培训管理的基本程序如图 7-1 所示。

7.6.2.3 设备管理

焊接设备包括焊接生产线、焊机、焊接夹具等，它们是进行焊接施工的必要保障，必须进行科学严格的管理，包括焊接前后的检查、定期检查和维修等。

7.6.2.4 材料管理

材料管理包括焊接母材和焊材（焊条、焊丝、焊剂、焊料）的管理，也包括焊接过程中使用的各种气体的管理。

7.6.2.5 施工管理

施工管理包括焊接工件的装配和施焊过程，一切均应按焊接工艺规程进行。

7.6.2.6 检验管理

焊接工程质量的检验管理是一个非常重要的环节，是贯穿整个焊接生产过程中自始至终不可缺少的重要工序，包括理化检验和常规检验。

7.6.3 质量管理责任制

质量管理责任制是全企业开展焊接质量管理工作的要求。

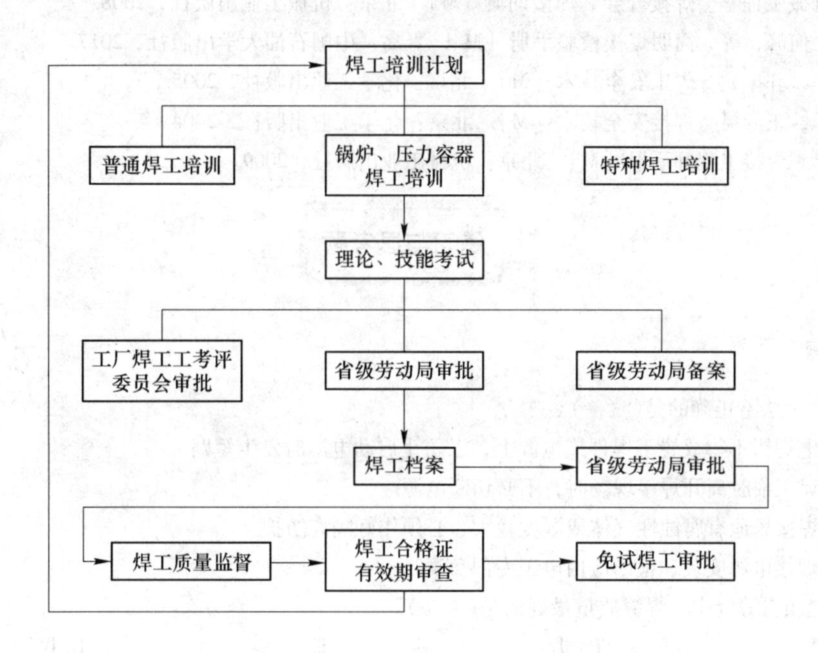

图 7-1 焊工培训管理基本程序

质量管理责任制要求从企业领导直到班组和各部门、各个环节都应该担负起质量管理的职责，调动起企业全体焊工的积极因素，以各自的工作质量来保证焊接质量。

质量管理责任制的内容有以下几点：

（1）把质量工作列为重要的议事内容。

（2）把“质量第一”的宣传教育活动列为企业的经常性工作，组织开展各项质量活动。

（3）大力开展全面质量管理工作，建立质量保证体系，开展群众性质量管理活动。

（4）认真贯彻焊接质量的管理制度，做好各项基础工作。

（5）制订质量工作规划和质量控制计划并组织实施。

（6）组织各种形式的质量检查，分析存在问题及薄弱环节，组织公关。

（7）以质量优劣为依据，认真贯彻经济惩罚制度；表扬先进，鼓励落后，积极组织各种竞赛活动。

（8）支持质量监察机构和人员的工作，严格把住检查验收关。

（9）组织质量回访，及时进行信息反馈。

（10）组织对重大质量事故的调查、分析和处理。

对上述内容，由于各级领导、各个部门、各个班组所担负的责任和职责范围各不相同，其着重点也不相同。

各部门的质量管理责任制还应为质量工作服务的问题提出措施，并落实责任。

参 考 文 献

[1] 刘翠荣，王成文. 焊接生产与工程管理［M］. 北京：化学工业出版社，2010.

[2] 中国机械工程学会焊接分会．焊接词典［M］. 北京：机械工业出版社，2008.
[3] 雷毅，何峰，等．简明焊接检验手册［M］. 青岛：中国石油大学出版社，2017.
[4] 朱兆华，郭振龙．焊工安全技术［M］. 北京：化学工业出版社，2005.
[5] 郭继承，王彦灵．焊接安全技术［M］. 北京：化学工业出版社，2004.
[6] 陈祝年．焊接工程师手册［M］. 北京：机械工业出版社，2009.

练习与思考题

7-1 选择题

7-1-1 下列说法不正确的是(   )。

A. 电焊钳不得放置于焊件或电源上，以防止启动电源时发生短路

B. 焊工临时离开焊接现场时，不必切断电源

C. 焊接场地有腐蚀性气体或湿度较大，必须作好隔离防护

D. 焊接电源安装、检修应由电工专门负责

7-1-2 焊缝质量等级中，焊缝质量最好的是(   )。

A. Ⅰ　B. Ⅱ　C. Ⅲ　D. Ⅳ

7-1-3 在气瓶安全使用要点中，以下描述正确的是(   )。

A. 为避免浪费，每次应尽量将气瓶内气体用完

B. 在平地上较长距离移动气瓶，可以置于地面滚动前进

C. 专瓶专用，不擅自更改气瓶钢印和颜色标记

D. 关闭瓶阀时，可以用长柄螺纹扳手加紧，以防泄漏

7-1-4 露天作业遇到(   )级大风或下雨时，应停止焊接、切割工作。

A. 4　B. 5　C. 6　D. 8

7-1-5 焊工工作时，如不穿戴好工作服，弧光会(   )。

A. 灼伤焊工眼睛　B. 灼伤焊工皮肤

C. 使焊工中毒　D. 引起癌变

7-1-6 生产管理处于企业管理系统的(   )。

A. 最高层　B. 中间层　C. 最基层　D. 执行层

7-1-7 用户需求的载体是(   )。

A. 产品/服务　B. 产品设计

C. 售后服务　D. 销售商

7-1-8 流水生产最基本的特征是(   )。

A. 按节拍生产　B. 连续生产

C. 工序同期化　D. 生产率较高

7-1-9 流水生产的组织原则是(   )。

A. 工艺专业化　B. 对象专业化

C. 顺序原则　D. 平行原则

7-1-10 加强设备的操作管理，做好日常维护和保养的管理方式适用于(   )。

A. 正常磨损期　B. 偶发故障期

C. 初期磨损期　D. 初期故障期

7-2 简答题

7-2-1 焊接与切割作业的安全主要包括哪些内容？

7-2-2 简述生产中常见的问题。

7-2-3 简述制造业生产系统平面布置的原则。

7-2-4 简述对象专业化的优缺点。

7-3 论述题

7-3-1 焊接时发生间接触电的原因有哪些？

7-3-2 举例说明产品与服务的延伸关系。

8 焊接增材制造

8.1 增材制造的简介

8.1.1 增材制造的基本内涵

增材制造俗称“3D 打印”，它是把实体的 3D 模型文件通过计算机转换成 STL 文件（或直接）进行分层切片，并形成扫描路径，计算机根据扫描路径向机器发出指令，把材料逐层堆积融合，最终形成一个实体零件或原型的新兴制造技术。首先将三维 CAD 模型模拟切成一系列二维的薄片状平面层，然后利用相关设备分别制造各薄片层，与此同时将各薄片层逐层堆积，最终制造出所需的三维零件，如图 8-1 所示。增材制造是依据三维模型数据将材料连接制作物体的过程，相对于减法制造，它通常是逐层累加的过程。3D 打印也常用来表示“增材制造”技术。狭义的 3D 喷印是指采用打印头、喷嘴或其他打印技术沉积材料来制造物体的技术，很多时候我们容易理解为“增材制造”=“3D 打印”=“快速原型制造技术”。广义的增材制造是指以三维 CAD 设计数据为基础，将材料（包括液体、粉材、线材或块材等）自动化地累加起来成为实体结构的制造方法。

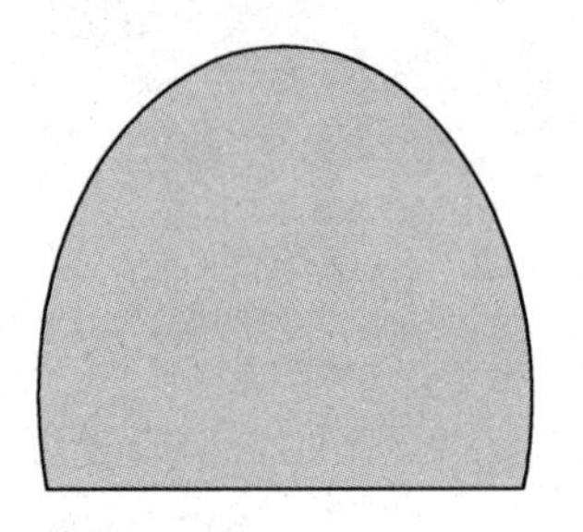
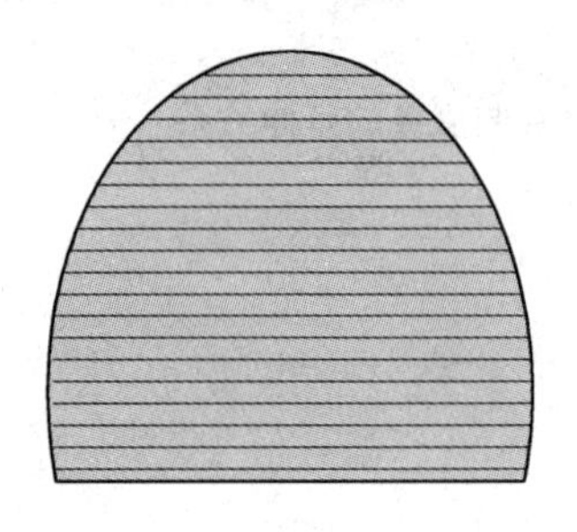

图 8-1　增材制造原理示意图

增材制造的工艺原理是根据所加工产品部件的构造形式进行切割分层，然后将所得到的层片黏结成立体实体。其工艺进程是首先铺一层材料，如透明塑料薄膜、白纸等，接着用激光在计算机分析下切出本层外观形状，多余的部分给予去除。当本层加工完成后，再铺一层与之前相同的材料，用滚子机压实在并加热，以达到固化黏结剂的效果，使新铺的一层能够牢固地与已成型体结合，重复上一步骤，如此往复直到得到所要加工的产品为止，把多余的废料切掉得到所需的零件。

实际上在我们的日常生产、生活中类似“增材”的例子很多，如机械加工的堆焊、建筑物（楼房、桥梁、水利大坝等）施工中的混凝土浇筑、元宵制法滚汤圆、生日蛋糕与巧克力造型等。

8.1.2 增材制造的特点

通过增材制造技术，在一台增材制造设备上即可快速地制造出任意形状的零件，又可制造传统加工设备难以实现高效率、低成本制造的复杂结构的零件。目前增材制造技术已经广泛地应用于航空航天、汽车、机械、生物医疗、艺术设计等领域。

相比较于传统的成型工艺，增材制造具有如下特点：

(1) 设计上的自由度。在机加工、铸造或模塑生产当中，复杂设计的代价高昂，其每项细节都必须通过使用额外的刀具或其他步骤进行制造。相比而言，在增材制造当中，部件的复杂度极少需要或根本无须额外考虑。增材制造可以构建出其他制造工艺所不能实现或无法想象的形状，可以从纯粹考虑功能性的方面来设计部件，而无须考虑与制造相关的限制。

(2) 小批量生产的经济性。增材制造过程无须生产或装配硬模具，且装夹过程用时较短，因此它不存在那些需要通过大批量生产才能抵消的典型的生产成本。增材工艺允许采用非常低的生产批量，包括单件生产，就能达到经济合理的打印生产目的。

(3) 高材料效率。增材制造部件，特别是金属部件，仍然需要进行机加工。增材制造工序经常不能达到关键性部件所要求的最终细节、尺寸和表面光洁度的要求。但是所有近净成型工艺当中，增材制造是净成型水平最高的工艺，其后续机加工所必须切削掉的材料数量是很微量的。

(4) 生产可预测性好。增材制造的构建时间经常可以根据部件设计方案直接预测出来，这意味着生产用时可以预测得很精确。随着增材制造业的拓展，制造商对于自己的制造时间表编制将拥有更加严密的控制力。

(5) 减少装配。对于许多技术成熟的产品来说，这是一项由增材生产工艺所引进的根本性变革的要素。通过增材制造所构建的复杂形状可以一体成型，取代那些目前还需采用众多部件装配而成的产品。这意味着增材工艺所带来的节省效果包括省去了之前需投入到装配工序的工作量、需涉及的坚固件、钎焊或焊接工序，还有单纯为了装配操作而添加的多余表面形状和材料。

增材制造在高要求、批量小、反映快的产品生产市场中具有很强的竞争力，未来在工业规模生产领域竞争中的竞争力也会逐渐增强。目前在金属零件立体修复技术中，较潮的要数激光立体成型技术，其为再制造提高一个保障。作为世界制造大国，我国应大力开发和研究发展增材制造器材装备，满足人民生活需要和提升我国的科技创新能力，较彻底地克服难加工材料这一难关，以及在设备器材的再制造和修复难题上取得成绩。另外，增材制造的研发也可对航空航天方面有所贡献，可以制造出复杂形状的零件，推进航空航天事业的发展。

8.1.3 增材制造的发展

增材制造的概念最早提出是在20世纪70年代末到80年代初。1986年美国人查尔斯·赫尔研制出以光敏树脂为原料的光固化成型法（stereo lithography apparatus，SLA）并且创办3D System公司，同年研发了第一台商用快速成型机。与此同时，选择性激光烧结（selective laser sintering，SLS）、分层实体制造法（laminated object manufacturing，LOM）

等多种成型工艺研发成功。20 世纪 90 年代，增材制造成型工艺已多达十几种。目前，3D System、Object 多家公司开展了对新型成型材料的研究，德国的 EOS 公司致力于金属零件的直接成型技术的研究，增材制造的模型数据格式以及坐标系统等行业标准也在不断更新。

经过近 30 年的发展，目前美国已经成为增材制造领先的国家。美国为保持其技术领先地位，最早尝试将 3D 打印技术应用于航空航天等领域。1985 年，在五角大楼主导下，美国秘密开始了钛合金激光成型技术研究，直到 1992 年这项技术才公之于众。2002 年，美国宇航局（NASA）就研制出 3D 打印机，能制造金属零件。同年，美国将激光成型钛合金零件装上了战机。为提高制造效率，美国人开始采用42kW 的电子束枪，Sciaky 的3D 打印机每小时能打印 6. 8 ~18. 1kg 金属钛，而大多数竞争者仅能达到 2. 3kg/h。美国军工巨头洛克希德・马丁公司宣布与 Sciaky 加强合作，用该公司生产的襟副翼翼梁装备正在生产的 F-35 战斗机。目前，使用3D 打印钛合金零件已经成功应用到了 F-35 飞机上。3D 打印技术的应用，不仅大大提高了“难产”的 F－35 战机的部署速度，而且大量节省了成本，如原本相当于材料成本 1 ~2 倍的加工费现在只需原来的 10%；加工 1t 重的钛合金复杂结构件，传统工艺成本大约2500 万元，而激光3D 焊接快速成型技术的成本在 130 万元左右，仅是传统工艺的5%。2012 年7 月，美国太空网透露，NASA 正在测试新一代3D 打印机，可以在绕地球飞行时制造设备零部件，并希望将其送到火星上。

我国高度重视增材制造产业，将其作为《中国制造 2025》的发展重点。2015 年，工业和信息化部、发展改革委、财政部联合印发了《国家增材制造产业发展推进计划(2015—2016 年)》，2016 年第二季度成立了全国增材制造标准委员会。研究制订增材制造工艺、装备、材料、数据接口，产品质量控制与性能评价等行业及国家标准，开展质量技术评价和第三方检测认证，促进增材制造技术的推广应用。同年 10 月中国增材制造产业联盟成立，同年 12 月国家批准筹建国家增材制造创新中心和国家增材制造质量检验中心。2017 年 12 月 13 日，工业和信息化部、发展改革委、教育部、公安部、财政部、商务部、文化部、卫计委、海关总署、质检总局及知识产权局等十二部门联合发布了《增材制造产业发展行动计划（2017—2020)》。通过政策引导，在社会各界共同努力下，我国增材制造关键技术不断突破，装备性能显著提升，应用领域日益拓展，生产体系初步形成，涌现出一批具有一定竞争力的骨干企业，形成了若干产业集聚区，增材制造产业实现快速发展。

如果在增材制造产业方面取得有效成果和突破，将对我国的国民经济发展起到重要推进作用，为实现绿色可持续发展提供保证。增材制造被看作是第三次工业革命的标志。

8. 2　增材制造用粉体材料制备技术

8. 2. 1　增材制造用粉体特征

随着激光选区熔化增材制造技术（SLM）的发展，业界才将 3D 打印技术从真正意义上推至“所想所见即所得”的新高度。但是，SLM 技术对金属粉末的性能要求很高，因粉末性能不合格导致构件打印失败的例子屡见不鲜。粉体材料，实际上已经成为左右SLM技术发展的关键技术瓶颈。本节概述了粉末粒度、化学成分、球形度/球形率、流动性/休止角、松装密度/振实密度、空心粉率、夹杂物等粉末特性的检测方法，重点阐述了上述粉末特性对SLM成型质量的影响规律，并提出了甄别粉末是否满足SLM技术要求的指标标准，以期为专业从事金属增材制造的企业提目标，而3D打印行业仍未有定义SLM专用粉末的标准颁布。根据国内外业界知名专家的研究表明，可通过如下定义SLM专用粉末的特性指标，即具有一定规格尺寸的金属颗粒群，化学成分符合同类材质国家军用标准、国家标准、行业标准，粉末形貌球形最佳，具有良好的流动性、较高的松装密度、较低的空心粉率、较低的氧含量、较少的夹杂物（纯净度高）等特性。一般情况下，可以通过粉末的SEM照片初步判断该粉末是否符合SLM增材制造技术的要求。图8-2即为一种理想的适用于SLM增材制造技术的粉末SEM示意图。

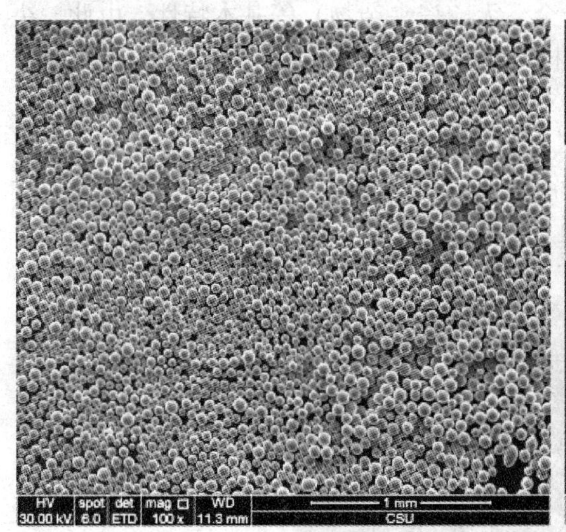

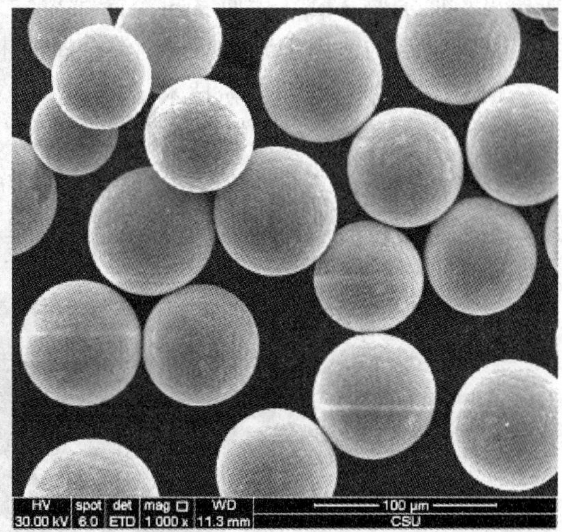

图8-2 理想的适用于SLM增材制造技术的粉末SEM示意图

8.2.2 粉末要求

金属3D打印技术，尤其是SLM技术对原料粉末的性能要求较高，国内大部分自主生产的粉末难以满足SLM的使用要求，只能依靠进口，价格高昂，造成SLM技术的大范围普及还难以实现。原料粉末已经成为制约SLM技术发展的关键技术瓶颈。相关研究在原料粉末制备及SLM工艺的大量研究基础上，提出了选取SLM原料粉末的参考依据：

（1）适用于SLM工艺的粉末粒度范围可以放宽至20～60μm，粉末粒度分布尽量窄，粉末颗粒大小基本一致；

（2）主要化学成分及杂质元素C、S、N、O满足相应牌号标准规定的范围，粉末氧增量不高于母合金的0.01%；

（3）球形度达到0.92以上，纵横比大于2的片状、条状、椭圆状、哑铃状及葱头状等非球形粉末粒的比例和质量分数不超过3%；

（4）粉末具备流动性，但是有无流动性不能作为粉末是否适用于SLM工艺的唯一判据。无流动性的粉末可通过休止角测定进行粉末是否满足铺粉要求的判定，一般要求休止角≤35°；

（5）要求粉末的松装密度大于其致密材料的55%以上，振实密度大于其致密材料的62%以上；

（6）适用于SLM工艺的粉末要求含有卷入性气体的空心粉的比例不大于1%；

（7）制粉过程中不得引入任何无机非金属夹杂物、异质金属、污染物及其他有害的外来物质。粉末中的夹杂物数量每100g不得多于2个，夹杂物尺寸不大于35μm。

8.2.3 增材制造用粉体制备技术

现阶段，普遍认为增材制造金属粉末需具备球形颗粒（球形度98%以上，少或无空心粉、卫星粉、黏结粉等）、粒径窄分布（d_{50}≤45μm）、低氧含量（$<100\times10^{-6}$）、高松装密度、低杂质含量（杂质含量不高于母合金、无陶瓷夹杂物）等基本特性。由此，决定了几种潜在的适用于制备增材制造金属粉末的制粉技术。

（1）高压氩气雾化制粉技术（AA法）。现代高压氩气雾化制粉技术综合了高真空技术、高温熔炼技术、气体的高压和高速技术，通过高速气流冲击并破碎液流得到金属粉末。该方法制备的粉末具有晶粒细化、细粉收得率高、球形度高等特点（如图8-3所示），但粉末纯净度较低，粒度分布范围宽且存在空心粉、非金属夹杂高等缺陷。

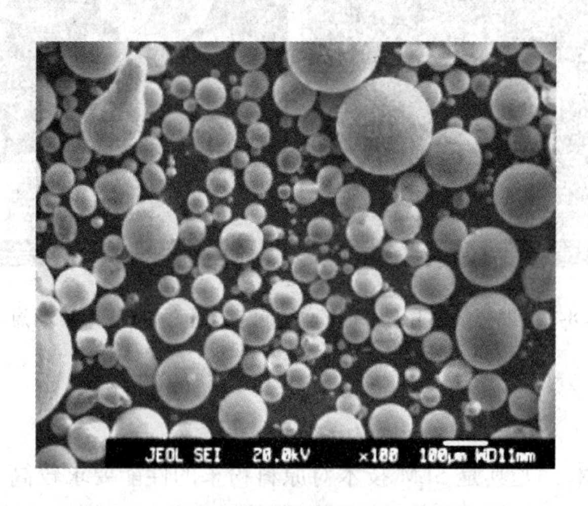

图8-3 高压氩气雾化制得的粉末SEM图

（2）同轴射流水-气联合雾化制粉技术。为结合水雾化的低成本，同时保持气雾化高球形度、低氧含量的优势，国内众多制粉企业开始致力于同轴射流水-气联合雾化制粉技术的研究。其原理在于：高压气对熔体进行预破碎，熔体经过拉膜、抽丝，破碎成小液滴，然后高压水冲击大液滴破碎成更为细小的液滴。水-气联合雾化粉末具有球化时间长、球形度比水雾化好、粉末粒度比气雾化细、氧含量较水雾化低等特点（如图8-4所示）。

（3）等离子旋转电极雾化制粉技术（PREP法）。PREP法制粉过程可简单描述为：一定规格尺寸的高速旋转电极棒端部在同轴的等离子体电弧加热源的作用下熔化成液膜，

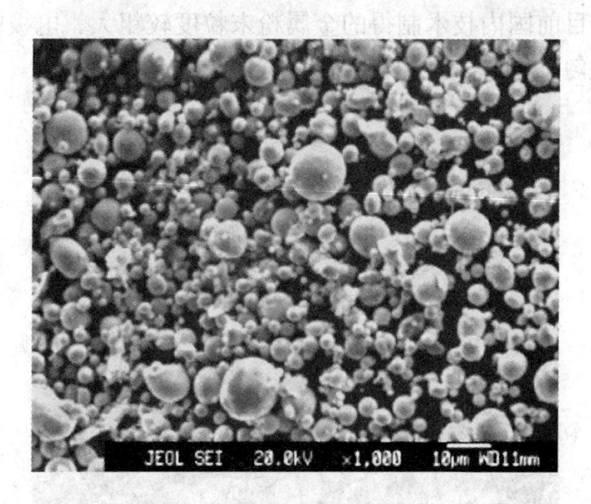

图8-4 同轴射流水-气联合雾化制得的粉末SEM图

形成熔池，继而在旋转离心力的作用下，熔池内部的液膜态熔体流至熔池边缘雾化成熔滴，随后熔滴于飞行过程中在表面张力的作用下被气体介质冷却凝固成球形粉末。PREP法粉末的最大优势是粉末表面清洁、球形度高、夹杂少、无空心粉，如图8-5所示。但是传统的PREP法由于电极棒的直径小、转速低，制备的粉末粒度比较粗大。

图8-5 等离子旋转电极雾化制得的粉末SEM图

（4）等离子火炬雾化制粉技术。等离子火炬雾化制粉的雾化机理为：金属以一定规格尺寸的棒坯或者原料丝，通过特殊的喂料结构（棒料进给系统、送丝机构等）以恒定速率送入，并在炉体顶部多个等离子火炬产生的聚焦等离子射流下熔融雾化，形成液相，最后通过控制冷却速率得到球形粉体。该粉末具有高球形度、伴生颗粒少、纯度高、含氧量低、流动性好、粒径分布均匀等特点。

（5）无坩埚电极感应熔化气体雾化制粉技术（EIGA法）。EIGA工艺通过高频感应线圈将缓慢旋转的电极材料熔化并通过控制熔化参数形成细小液流（液流不需要接触水冷坩埚和导流管），当合金液流流经雾化喷嘴时，液流被雾化喷嘴产生的高速脉冲气流击碎并凝固形成微细粉末颗粒，如图8-6所示。EIGA法粉末最大的优势是无耐火材料夹杂、能耗小。不足之处是目前国内技术制得的金属粉末粒度较粗大，电极的偏析也会导致合金粉体材料的成分不均匀。

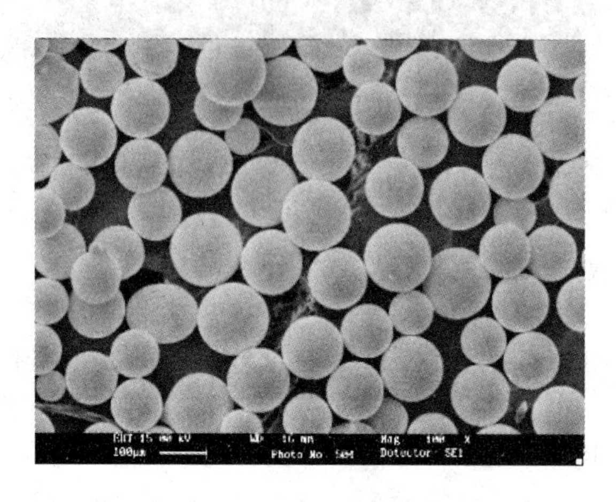

图 8-6 无坩埚电极感应熔化气体雾化制得的粉末 SEM 图

（6）机械合金化制粉。这是一种以机械力促使两种以上组元组成复合金属粉末的粉末制备方法。它是将根据合金成分计算出的纯金属、合金和非金属的粉末原料混合后，用干式高能球磨机使它们在碾磨球强烈碰撞和搅动作用下，彼此反复冷焊接和破碎，从而制造出化学成分复杂均匀、显微结构细小的复合金属粉末。通过常规的高能球磨法制备的粉末颗粒不规整，流动性较差，但是通过工艺改进，甚至施加合适的外场后，是可以制备出类球形粉末用以进行增材制造的。图 8-7 是本书作者利用外场辅助球磨制备的类球形高熵合金粉末，通过氩弧增材制造的方法制备得到的高熵合金块体。

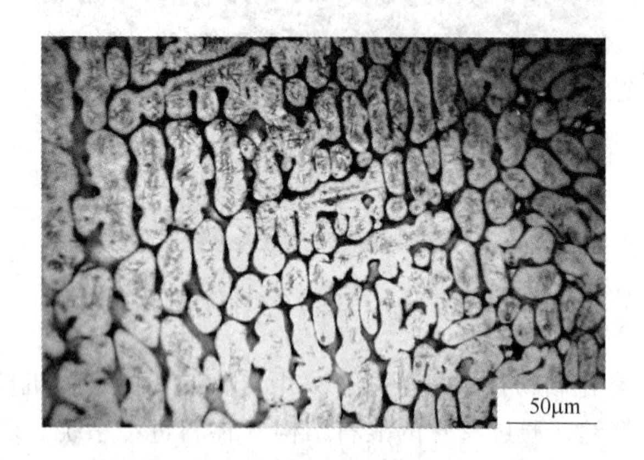

图 8-7 氩弧增材制造高熵合金

8.3 增材制造成型工艺

目前，主流的增材制造成型工艺有光固化成型法、激光增材制造、分层实体制造、熔融沉积成型、电弧增材制造技术等。

8.3.1　光固化成型法

光固化快速成型工艺也称为立体光刻印刷。固化快速成型的工艺原理为：液槽中盛满液态敏树脂，在控制系统的控制下，激光器按零件各分的截面形状在光敏树脂表面进行逐点扫描，被扫区域的光敏树脂发生聚合反应，一层固化完成后，工作台下移一个层的厚度，进行下一层的扫描，新固化的树脂黏结在前一层上，如此反复直到整个零件制造完毕，得到一个三维实体原型。

8.3.2　激光增材制造

激光增材制造或称 3D 打印技术，是基于微积分的思想，采用激光分层扫描、叠加成型的方式逐层增加材料，将数字模型转换成三维实体零件。图 8-8 为激光增材制造示意图。相对于传统的材料去除技术，激光增材制造是一种“自下而上”材料累加的制造方法。它的形成过程为：利用铺粉辊在工作台或成型的零件的上表面铺上一层很薄的粉末材料，并且加热至恰好低于烧结点的某一温度，激光束在计算机的控制按照零件该层的轮廓对粉末材料扫描，并与成型部分粘连。完成一个截面的烧结后，工作台下降一个粉末层的高度，进行新一层的烧结，直至整个零件完成。选择性激光烧结对成型区的温度要求较高，如果偏离最适成型温度较大，那么制件表面的球化现象会加剧，导致成型件的表面质量下降。

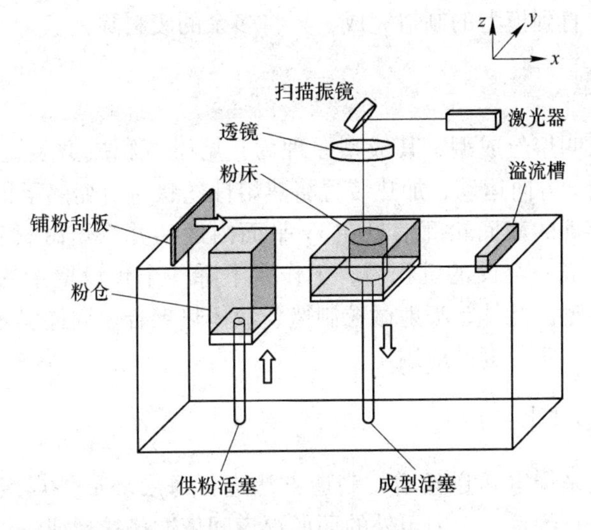

图 8-8　激光增材制造

激光增材制造的优点：

（1）制造速度快，节省材料，降低成本；

（2）不需采用模具，使得制造成本降低 15%～30%，生产周期节省 45%～70%；

（3）可以生产用传统方法难于生产甚至不能生产的形状复杂的功能金属零件；

（4）可在零件不同部位形成不同成分和组织的梯度功能材料结构，不需反复成型和中间热处理等步骤；

（5）激光直接制造属于快速凝固过程，金属零件完全致密、组织细小，性能超过铸件。

激光增材制造的缺点：

（1）近成型件可直接使用或者仅需少量的后续机加工便可使用；

（2）成型件内部存在气孔，气孔形貌呈规则球形或类球形，分布具有随机性；

（3）成型件内部存在熔合不良和开裂，熔合不良缺陷形貌不规则，多分布在熔覆层间或道间；

（4）由于冷却速度太快，内应力大，容易内部缺陷；

（5）裂纹一旦形成，高速扩展；

（6）晶粒组织难以控制；

（7）激光一走，温度迅速下降，容易出缺陷，做不了大零件；

（8）由于力学性能差，激光成型再去热等静压，性能不如锻件，激光成型再去锻造，还是不如锻件。

8.3.3 分层实体制造

分层实体制造是出现较早的快速成型技术之一，在十多年的发展中，显示出了巨大的发展潜力和广阔的市场前景。分层实体制造工艺为：送料滚筒将背面带有热熔胶的纸材送进一个步距，通过热压滚筒滚压将纸材与基底或制作完成的叠层粘贴在一起，控制系统根据当前轮廓控制激光器进行层面切割，当前层切割完成后进行下一层的制作，如此反复的粘贴—切割—粘贴，直到模型的制造完成，再将多余的废料除去。

8.3.4 熔融沉积成型

熔融沉积成型又叫熔丝成型，其成型原理为：熔融沉积成型装置的喷头可以沿 x、y 方向运动，工作台沿 z 方向运动，加热装置将热熔性丝状材料加热至稍高于固化温度的熔融状态，喷头按照零件的截面轮廓信息在 xy 平面内运动并将熔融材料涂敷在前一层面，与之熔结在一起，完成一个面的沉积后，工作台下降一个预设增量的高度，继续涂覆沉积，直至零件堆积成型。此外，喷射微粒制造、液体热聚合、固体膜聚合以及三维喷涂技术等成型工艺也都有一定程度的应用。

8.3.5 电弧增材制造技术

电弧增材制造是采用电弧送丝增材制造方法进行每层环形件焊接，即送丝装置送焊丝，焊枪熔化焊丝进行焊接，由内至外的环形焊道间依次搭接形成一层环形件；然后焊枪提高一个层厚，重复上述焊接方式再形成另一层环形件，如此往复，最终由若干层环形件叠加形成合金结构件。电弧增材制造示意图如图 8-9 所示。

运用电弧增材制造技术加工的产品的表面组成是以全焊缝的方式，其组织均匀、紧凑性强，与锻造件相比具有较高的强度及韧性等优点。在加工的过程中，通过多次加热、淬火以及回火，在一定程度上解决了大型铸锻件所具有的问题，如易淬透、宏观偏析、长度和直径方向上强韧性不一致等。目前，世界范围内多数科研机构都对电弧增材制造技术进行研究。该技术采用的焊接热源主要包括传统熔化极气体保护焊和钨极氩弧焊，即 GMAW、TIG 等。

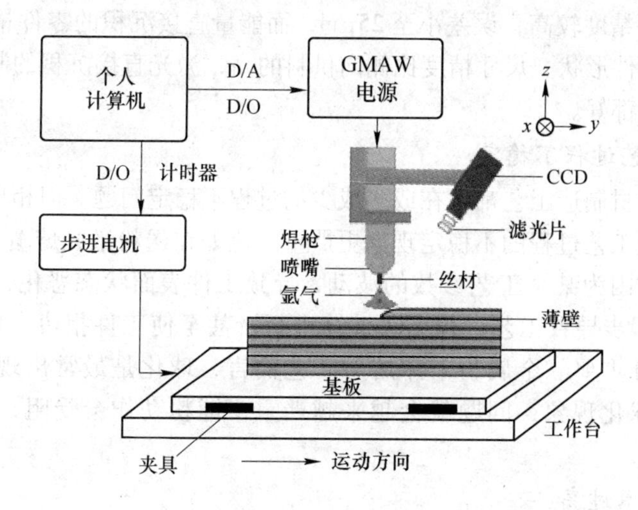

图 8-9 电弧增材制造

电弧增材制造可分为 4 类：熔化极气体保护焊（gas metal arc welding，GMAW）增材制造、钨极氩弧焊（gas tungsten arc welding，GTAW）增材制造、等离子弧焊（plasma arc welding，PAW）增材制造以及堆焊—切削组合增材制造。电弧增材制造有以下优点：

（1）制造成本低，可以在原有的设备上进行制造，无须购买新的制造设备；

（2）生产效率高，材料堆积效率高，尤其成型大尺寸零件，优势更加明显；

（3）制造形式灵活，成型零部件的形状、尺寸和重量几乎不受限制，可以成型任意形状的大型、微型或非均质材料的零件；

（4）零件性能好，与整体铸锻件相比，焊接成型件组织致密、冶金结合性能好、强度高、韧性好，可消除大型铸锻件不易淬透的问题。但熔焊增材制造技术也存在自身的缺点，如成型件表面质量差、残余应力过大等问题。

8.4 增材制造的关键技术难点

8.4.1 增材制造技术的短板

8.4.1.1 质量缺陷

增材制造的金属零件存在的主要质量缺陷为致密度不高、裂纹与变形大、表面粗糙及精度不高。致密度不高的缺陷主要发生在以粉末为材料的增材制造零件中，用丝材增材制造的零件致密度较好。所有的金属增材制造工艺都存在着相同程度的制件可能产生变形与裂纹的问题。变形与裂纹来源于成型过程中产生的内应力，而产生内应力的根源是温度梯度不合理。不同温度梯度导致的裂纹形成与破坏程度有所不同，所有的增材制造工艺成型的金属零件面都比机械加工的零件表面粗糙。在现有的金属增材制造工艺中，相对而言，选区激光熔化（金属粉末床熔融）的零件表面粗糙度值较小，可达 $R_a5\mu m$ 以下，经表面喷丸处理后，表面粗糙度值会更低；能量直接沉积的零件表面粗糙度值较大，有时甚至会超过 $R_a100\mu m$。关于金属增材制造的制件尺寸精度，相对而言，选区激光熔化（金属粉末床熔融）的零件精度较高，误差小至25μm，而能量直接沉积的零件精度较低；同轴送丝或送粉工艺的制件形状、尺寸精度比侧向供料的高，激光直接沉积的制件精度表面质量比其他能量沉积的都好。

8.4.1.2 工艺过程不稳定

所有的金属增材制造工艺都存在或多或少的过程不稳定问题。但相比较而言，以粉末为材料的增材制造工艺过程的不稳定现象更严重。比如在送粉激光熔覆（激光直接沉积）工艺过程中，通常因为某个工艺参数的波动，导致工件表面状态恶化，如果不能及时补偿、修正，将进一步导致工艺过程无法继续进行，甚至使工件报废。因此，如何检测、控制工艺过程十分重要。金属粉末床熔融工艺而言，球化是最常出现的问题。一旦在成型过程中出现球化现象，问题就会越来越严重，铺粉动作会受阻，成型工艺将无法继续进行。

8.4.1.3 成本过高

金属增材制造的成本包括设备等固定成本及运行成本。金属增材制造设备价格相对昂贵，进口的金属粉末床熔融设备最少也超过100万元，通常可达400万元左右；激光直接沉积（熔覆）设备也需200万元左右。目前，激光器价下跌，特别是500～1000W光纤激光器价格下跌很大，使整套设备成本也相应降低。但因为其他重要部件价格仍较高，所以金属增材制造设备价格还是相对昂贵。运行成本主要包括材料、辅助材料、水电消耗、人工等。金属粉末的价格比一般型材贵10倍左右，而丝材的价格仅约粉末的一半。辅助材料主要为保护气体，运行时间越长，消耗越大。水电消耗与设备的电光转化效率、运行功率、运行时间等有关。在作为能源的激光器中，以光纤激光器（半导体激光器因为光斑模式问题而较少应用于增材制造）的电光转化效率最高；若直接用电作为加热能源，则能源利用率最高。人工不仅包括增材制造作业人工，还包括前后处理人工。目前，增材制造作业及前后处理的时间都较长，从而使辅助材料、水电消耗、人工等成本升高，加之材料价格昂贵，所以金属增材制造运行成本高。

8.4.1.4 生产效率低

目前的金属增材制造效率还很低。除去增材制造前后处理时间，成型一个零件一般需要几小时，有时需要几十天。这么长的成型时间，不仅降低了效率、增加了成本，对设备也是一个严峻的考验。在常用的金属增材制造工艺中，选区激光熔化（金属粉末床激光熔融）的效率最低，每小时的成型体积仅为5～20cm^3。相对而言，同一种工艺，用丝材成型的效率较高。效率最高的是丝材的能量直接沉积增材制造工艺，每小时可成型超过2500cm^3。

8.4.2 增材制造关键技术问题

8.4.2.1 提高零件的成型精度和表面质量

增材制造的精度取决于材料增加的层厚和增材单元的尺寸和精度控制。增材制造与切削制造的最大不同是材料需要一个逐层累加的系统，因此再涂层（recoating）是材料累加的必要工序，再涂层的厚度直接决定了零件在累加方向的精度和表面粗糙度，增材单元的控制直接决定了制件的最小特征制造能力和制件精度。现有的增材制造方法中，多采用激光束或电子束在材料上逐点形成增材单元进行材料累加制造，如金属直接成型中，激光熔化的微小熔池的尺寸和外界气氛控制，直接影响制造精度和制件性能。激光光斑在0.1～0.2mm，激光作用于金属粉末，金属粉末熔化形成的熔池对成型精度有着重要影响。通过激光或电子束光斑直径、成型工艺（扫描速度、能量密度）、材料性能的协调，有效控制增材单元尺寸是提高制件精度的关键技术。

零件的成型精度和表面质量是制造业的研究重点。影响增材制造的成型精度和表面质量的因素贯穿着整个成型过程：前处理中零件CAD模型的数据转换、成型方向的选择和切片处理，堆积成型过程中加工策略的规划、工艺参数的选取，后处理中支撑结构的去除和表面处理等多方面制约着成型件的精度和表面质量，因此提高成型精度和表面质量是增材制造技术发展的必然趋势。

8.4.2.2 开发经济、实用、高效的增材制造设备

经济、实用、高效的制造设备是增材制造技术广泛应用的基础。目前，西安交通大学的余国兴、丁玉成和李涤尘开发出一种刀切型纸层叠快速原型系统，用刀具替代LOW成型机中的激光器，有助于降低系统及其运行成本。

8.4.2.3 开发新型、高性能成型材料

成型材料是影响成型工艺的重要因素之一。目前增材制造中使用的材料有光敏树脂、金属粉末、热塑性材料和箔材等，价格较高，成型过程和后处理中易发生物理变化和化学反应，制备的零件不能作为最终的产品。因此增材制造技术的进一步研究也包括研制新型、高性能的成型材料和低成本的材料制备工艺。

8.4.2.4 增材制造设备的两极化发展

增材制造设备有两个方向发展：一是工业用、高精度、大型的快速成型设备，用于制造精度高、结构复杂、高性能的零件；二是小型微型化快速成型设备，面向日用消费品的制造和纳米制造。

参 考 文 献

[1] 郭志飞，张虎．增材制造技术的研究现状及其发展趋势［J］．机床与液压，2015，43（5）：148～151.

[2] 杨继．全光固化快速成型的理论、技术及应用研究［D］．南京：南京理工大学，2002.

[3] 刘继常．金属增材制造研究现状与问题分析［J］．电加工与模具，2018，339（2）：5～11.

[4] 姚妮娜，彭雄厚．3D打印金属粉末的制备方法［J］．四川有色金属，2013（4）：48～51.

[5] 张艳红，董兵斌．气雾化法制备3D打印金属粉末的方法研究［J］．机械研究与应用，2016，29（2）：203～205.

[6] 袁建鹏．3D打印用特种粉体材料产业发展现状与趋势［J］．新材料产业，2013（12）：19～23.

[7] 原光．面向增材制造的球形金属粉的制备、表征与应用［D］．南京：南京理工大学，2015.

[8] 贺卫卫，汤慧萍，刘咏，等．PREP法制备高温TiAl预合金粉末及其致密化坯体组织研究［J］．稀有金属材料与工程，2014，43（11）：2678～2773.

[9] 李清泉，韩延良．真空熔炼高压气体雾化制粉技术及设备［J］．粉末冶金工业，1996（2）：27～31.

[10] 张莹，李世魁，陈生大．用等离子旋转电极法制取镍基高温合金粉末［J］．粉末冶金工业，1998（6）：17～22.

[11] Raymor AP&C. Leading the way with plasma atomised Ti spherical powder for MIM [J]. Powder Injection Moulding International, 2011, 5 (4): 55 ~ 57.

[12] 刘学晖，徐广．惰性气体雾化法制取钛和钛合金粉末［J］．粉末冶金工业，2000，10（3）：18 ~ 22.

[13] 贺卫卫，贾文鹏，杨广宇，等．TiAl 预合金粉末制备的研究进展［J］．钛工业进展，2012，29（4）：1 ~ 6.

[14] 戴煜，李礼．金属基 3D 打印粉体材料制备技术现状及发展趋势［J］．新材料产业，2016（6）：23 ~ 29.

[15] 潘龙威，董红刚．焊接增材制造研究新进展［J］．焊接，2016（4）：27 ~ 32.

[16] 郭志飞，张虎．增材制造技术的研究现状及其发展趋势［J］．机床与液压，2015，43（5）：148 ~ 151.

[17] 顾冬冬，沈以赴，潘琰峰，等．直接金属粉末激光烧结成形机制的研究［J］．材料工程，2004（5）：42 ~ 47.

[18] 朱卓宇．选择性激光烧结快速成形的工艺改进［D］．西安：西安科技大学，2001.

[19] Islam M, Purtonen T, Piili H, et al. Temperature Profile and Imaging Analysis of Laser Additivemanufacturing of Stainless Steel [J]. Physics Procedia, 2013 (41): 835 ~ 842.

[20] 李礼，戴煜．浅析激光选区熔化增材制造专用粉末特性［J］．新材料产业，2018（1）：56 ~ 60.

[21] Joon Park, Michael J Tari, H Thomas Hahn, Characterization of the Laminated Object Manufacturing (LOM) Process [J]. Rapid Prototyping Journal, 2000, 6 (1): 36 ~ 49.

[22] 朱剑英．增材制造法——MIM 技术［J］．航空精密制造技术，1993（3）：1 ~ 5.

[23] 张冰，刘军营．快速成型技术及其发展［J］．农业装备与车辆工程，2006（12）：47 ~ 51.

[24] 宋长辉，杨永强，叶梓恒，等．基于选区激光熔化快速成型的自由设计与制造进展［J］．激光与光电子学进展，2013，50（8）：229 ~ 234.

[25] 张晓博，党新安，杨立军．选择性激光熔化成形过程的球化反应研究［J］．激光与光电子学进展，2014，51（6）：127 ~ 132.

[26] 吴伟辉，杨永强，王迪．选区激光熔化成型过程的球化现象［J］．华南理工大学学报（自然科学版），2010，38（5）：110 ~ 115.

[27] 乌日开西·艾依提，赵万华．基于三维堆焊的直接金属快速制造技术［J］．机床与液压，2008（8）：13 ~ 16.

练习与思考题

8-1 选择题

8-1-1 增材制造俗称（　　）。

A. 堆焊　　B. 3D 打印　　C. 涂敷　　D. 熔敷

8-1-2 广义的增材制造是指以三维（　　）设计数据为基础，将材料（包括液体、粉材、线材或块材等）自动化地累加起来成为实体结构的制造方法。

A. cad　　B. sai　　C. ar　　D. vr

8-1-3 经过近（　　）年的发展，目前美国已经成为增材制造领先的国家。

A. 20　　B. 30　　C. 40　　D. 50

8-1-4 适用于 SLM 工艺的粉末粒度范围可以放宽至（　　）~ 60μm，粉末粒度分布尽量窄，粉末颗粒大小基本一致。

A. 20　B. 30　C. 40　D. 50

8-1-5　适用于 SLM 工艺的粉末要求含有卷入性气体的空心粉的比例不大于(　　)。

A. 1%　B. 1.5%　C. 2%　D. 2.5%

8-1-6　下列不属于熔焊增材制造的特点的是(　　)。

A. 制造成本低　B. 生产率高

C. 表面质量好　D. 零件性能好

8-1-7　关于金属增材制造的制件尺寸精度，相对而言，选区激光熔化（金属粉末床熔融）的零件精度较高，误差小至（　　)μm。

A. 20　B. 25　C. 30　D. 35

8-1-8　技术增材制造成本中，金属粉末的价格比一般型材贵(　　)倍左右，而丝材的价格仅约粉末的一半。

A. 10　B. 15　C. 20　D. 25

8-1-9　下列选项中不属于激光增材制造特点的是(　　)。

A. 制造速度快　B. 不需要采用磨具

C. 成型件中无气孔　D. 内应力较大

8-1-10　激光增材制造相对于传统的材料去除技术，是一种“(　　)”材料累加的制造方法。

A. 自下而上　B. 自上而下

C. 从内到外　D. 从左到右

8-2　简答题

8-2-1　什么是熔融沉积成型？请简要介绍。

8-2-2　怎样理解电弧增材制造技术？请简要叙述。

8-2-3　什么是增材制造技术，增材制造技术有什么样的特点？

8-2-4　请简要叙述高压氩气雾化制粉技术。

8-2-5　用自己的语言简要叙述光固化成型法。

8-3 综合题

8-3-1 增材制造中对于粉末具体有什么要求？

8-3-2 激光增材制造技术与其他增材技术相比有什么优势，有哪些不足？

冶金工业出版社部分图书推荐

书　　名	作　者	定价（元）
中国冶金百科全书·金属塑性加工	本书编委会	248.00
爆炸焊接金属复合材料	郑远谋	180.00
楔横轧零件成形技术与模拟仿真	胡正寰	48.00
薄板材料连接新技术	何晓聪	75.00
高强钢的焊接	李亚江	49.00
高硬度材料的焊接	李亚江	48.00
材料成型与控制实验教程（焊接分册）	程方杰	36.00
材料成形技术（本科教材）	张云鹏	42.00
现代焊接与连接技术（本科教材）	赵兴科	32.00
焊接材料研制理论与技术	张清辉	20.00
金属学原理（第2版）(本科教材)	余永宁	160.00
加热炉（第4版）(本科教材)	王　华	45.00
轧制工程学（第2版）(本科教材)	康永林	46.00
金属压力加工概论（第3版）(本科教材)	李生智	32.00
金属塑性加工概论（本科教材）	王庆娟	32.00
型钢孔型设计（本科教材）	胡　彬	45.00
金属塑性成形力学（本科教材）	王　平	26.00
轧制测试技术（本科教材）	宋美娟	28.00
金属学及热处理（本科教材）	范培耕	33.00
轧钢厂设计原理（本科教材）	阳　辉	46.00
冶金热工基础（本科教材）	朱光俊	30.00
材料成型设备（本科教材）	周家林	46.00
材料成形计算机辅助工程（本科教材）	洪慧平	28.00
金属塑性成形原理（本科教材）	徐　春	28.00
金属压力加工原理（本科教材）	魏立群	26.00
金属压力加工工艺学（本科教材）	柳谋渊	46.00
钢材的控制轧制与控制冷却（第2版）(本科教材)	王有铭	32.00
金属压力加工实习与实训教程（高等实验教材）	阳　辉	26.00
金属压力加工概论（第3版）(本科教材)	李生智　李隆旭	32.00
焊接技术与工程实验教程（本科教材）	姚宗湘	26.00
金属材料工程实验教程（本科教材）	仵海东	31.00
有色金属塑性加工（本科教材）	罗晓东	30.00
焊接技能实训	任晓光	39.00
焊工技师	闫锡忠	40.00